高职高专"十四五"建筑及工程管理类专业系列教材

建筑工程项目管理

主　编　张现林

副主编　李　莉　郑秦云　傅　玲

西安交通大学出版社
XI'AN JIAOTONG UNIVERSITY PRESS

国家一级出版社
全国百佳图书出版单位

内 容 提 要

本书系由高职院校与建筑施工企业合作开发的工学结合教材，是根据高职高专土建施工类专业的人才培养计划、课程教学要求和实际应用需要编写而成的。

全书共计11个项目，主要包括：建设工程项目管理文件的编制、建设工程施工成本控制、建设工程施工进度控制、建设工程施工质量控制、建设工程合同管理、建设工程招标投标管理、建设工程职业健康安全与环境管理、建设工程项目信息管理、建设工程项目风险管理、建设工程项目沟通管理、建设工程项目资料管理。本书选取的数学内容均源于现场并高于现场，是将真实的建筑施工管理过程转换为教学过程，将真实的项目管理转换为学习性课程的项目管理，反映了真实的施工项目现场管理，细化了课程教学目标。

本书主要作为高职高专院校建筑工程技术、工程监理、工程管理等相关专业教学用书，也可作为建施工企业管理岗位培训教材。

前言 Preface

　　《建筑工程项目管理》是根据项目教学法编写的高职高专教材,旨在为工程管理专业提供一部专业主干课程教材,培养学生掌握工程项目管理的理论和方法,掌握从事工程建设的项目管理知识,具备工程项目管理的基本能力。

　　为实现教材编写目的,本教材从项目一至项目十一的全部内容紧紧围绕建筑工程项目管理的知识、方法和能力进行安排。以"三控制二管理一协调"为主线,即施工进度控制、质量控制、投资控制、合同管理、信息管理、沟通管理重点突出。理论与项目相结合、教学与实践相结合,构成了培养学生项目管理能力的完整体系。

　　本教材由河北工业职业技术学院张现林主编,西安铁路职业技术学院李莉、咸阳职业技术学院郑秦云、成都大学城乡建设学院傅玲担任副主编。编写分工如下:项目一由沧州职业技术学院葛志华编写,项目二、项目四由河北工业职业技术学院尹素花编写,项目三由张现林编写,项目五由李莉编写,项目六由傅玲编写,项目七由商洛学院党斌编写,项目八由安康学院陈兴平编写,项目九由咸阳职业技术学院赵迪编写,项目十由安康职业技术学院田锟编写,项目十一由郑秦云编写。

　　在本教材编写过程中,我们参考了大量相关专家和学者的专著和教材,在此表示衷心的感谢。由于编者水平有限,教材中难免存在错误和疏漏之处,敬请读者批评指正。

编　者

2012 年 7 月

目录 Contents

绪　论

　　建筑工程项目管理是指工程建设者运用系统工程的理论和方法,对工程项目进行全过程的计划、组织、指挥、协调、控制等专业化活动。其基本特征是面向工程,实现生产要素在工程项目上的优化配置,为用户提供优质产品。由于管理主体和管理内容的不同,工程项目管理又分为建设项目管理(由建设单位进行管理)、工程设计项目管理(由设计单位进行管理)、工程施工项目管理(由施工企业进行管理)和工程建设监理(由工程监理单位受建设单位的委托进行项目管理)。本教材以讲述建筑工程施工项目管理为主,亦涉及其他各类工程项目管理。

　　本课程是工程管理专业的专业主干课程,具有较强的理论性和实践性。学习本课程是学生掌握专业理论知识和培养业务能力的主要途径,是学生毕业后从事专业工作的知识基础。

　　本课程的任务是培养学生具有从事工程建设的项目管理知识,掌握工程项目管理的理论和方法,具有进行工程施工项目管理的能力与从事建设项目管理的初步能力,以及其他有关工程实践的能力。

　　“项目”的最显著特征是它的一次性,即有具体的开始日期和完成日期。一次性决定了项目的单件性和管理的复杂性。“工程项目”是“项目”中最主要的一大类,它除了具有“项目”的共性外,还具有流动性、露天性、项目产品固定性、体量庞大性等特点,它的管理要求实现科学化、规范化、程序化、法制化和国际化。工程项目管理具有系统性和市场性,既是市场经济的产物,又要在市场中运行。

　　本教材是以工程项目为对象,系统地研究其管理活动中的各种规律性的科学。本教材共由十一个项目组成。项目一为“建设工程项目管理文件的编制”,主要介绍项目规划大纲、项目管理实施规划、施工组织设计大纲的编制等相关内容。项目二至项目四围绕建设工程目标控制——进度控制、质量控制、投资控制进行分析阐述。项目五至项目十一对项目管理过程中的合同管理、招标投标管理、职业健康安全与文明管理、信息管理、风险管理等内容进行详细阐述。从而形成了工程项目管理的完整体系,使学生通过本课程的学习,既了解了工程项目管理的全部理论知识,又掌握了主要的管理方法,可以基本具备进行各种工程项目管理实践活动的知识和能力。

　　由于本课程的性质和任务,决定了它在工程管理专业中的地位。工程项目管理必须在学完了工程经济学、建筑施工技术等主干课程之后才能学习,这样才能保证学习的系统性、渐进性和连贯性,以取得良好的学习效果。

　　学生在学习这门课程的时候,一定要用系统的观点,把工程管理专业的这一知识环节牢牢地把握住,特别要注意在以前所学习的主干课程的基础上进行巩固和深化。对于管理的理论问题,要学会融会贯通;对于方法问题要紧密结合实际牢固掌握。尤其是在毕业前的实践环节中,要进行本门课程所学内容的强化。在学习的过程中,必须完成足够的作业题和练习题。最后还要完成一个大作业,以真正具备解决实际问题的能力。由于在国际上、在我国国内,项目管理这门学科正处在蓬勃发展时期,新的理论、方法和实践经验会不断出现,希望学生要多多阅读参考书籍和杂志,不但要掌握本书的内容,还要跟上这门学科应用和发展的步伐。

项目一
建设工程项目管理文件的编制

学习目标

知识目标 了解建设工程项目管理文件所包括的内容;理解建设工程项目管理文件的作用、要求;熟悉建设工程项目管理文件的编制依据;掌握建设工程项目管理文件的编制程序。

能力目标 学会在编制过程中收集、积累相关的文件;掌握建设工程项目管理文件的编制程序,能编制完整的项目管理文件。

案例导入

本工程为×××经济适用住房工程,位于×××市×××路×××号,混凝土结构。1号、2号楼地下一层、地上四层、局部五层,建筑面积 826.72 m²,建筑物长 14.1 m,总宽 11.0 m,建筑物高度为 16m;3 号楼地下一层,地上五层、局部六层,建筑面积 4 037.30 m²,建筑物总长 54.7 m,总宽 12.8 m,建筑物高 17.80 m。建筑物结构设计使用年限为 50 年,结构安全等级为二级,抗震设防为丙类建筑。

问题:如何编制该工程的项目管理规划大纲、项目管理实施规划、施工组织设计文件?

任务一 编制项目管理规划大纲

 工作步骤

步骤一 明确项目目标

步骤二 分析项目环境和条件

步骤三 收集项目的有关资料和信息

步骤四 确定项目管理组织模式、结构和职责

步骤五 明确项目管理内容

步骤六 编制项目目标计划和资源计划

步骤七 汇总整理

步骤八 报有关部门审批

⊠ **知识链接**

建设工程项目管理文件主要包括项目管理规划大纲、项目管理实施规划、施工组织设计三部分。项目管理规划作为指导项目管理工作的纲领性文件,项目管理规划大纲是项目管理工作中具有战略性、全局性和宏观性的指导文件,应对项目管理的目标、内容、组织、资源、方法、程序和控制措施进行确定,项目管理规划大纲应由组织的管理层或组织委托的项目管理单位编制;项目管理实施规划应由项目经理组织编制,大中型项目应单独编制项目管理实施规划,承包人的项目管理实施规划可以用施工组织设计或质量计划代替,但应能够满足项目管理实施规划的要求;施工组织设计是用来指导施工项目全过程各项活动的技术、经济和组织的综合性文件,是施工技术与施工项目管理有机结合的产物,它是工程开工后施工活动能有序、高效、科学合理地进行的保证。

一、编制项目管理规划大纲的作用

(1)对项目管理的全过程进行规划,为全过程的项目管理提出方向和纲领。

(2)作为承揽业务、编制投标文件的依据。

(3)作为中标后签订合同的依据。

(4)作为编制项目管理实施规划的依据。

(5)发包方的建设工程项目管理规划还对各相关单位的项目管理规划起指导作用。

二、编制项目管理规划大纲的内容

在土木工程中,项目管理规划大纲应由项目管理层依据招标文件及发包人对招标文件的解释、企业管理层对招标文件的分析研究结果、工程现场情况、发包人提供的信息和资料、有关市场信息以及企业法定代表人的投标决策意见编写。项目管理规划大纲的内容主要包括项目概况、项目实施条件分析、项目投标活动及签订合同的策略、项目管理目标、项目组织结构及其职责、质量目标和施工方案、工期目标和施工总进度计划、成本目标及管理措施、项目风险预测和安全目标及措施、项目现场管理和施工平面图、投标和签订施工合同、文明施工及环境保护。

(一)项目概况

包括:项目产品的构成、基础特征、结构特征、建筑装饰特征、使用功能、建设规模、投资规模、建设意义等。

(二)项目实施条件分析

包括:合同条件、现场条件、法规条件及相关市场、自然和社会条件等的分析。

(三)项目投标活动及签订合同的策略

包括:项目投标程序、项目投标以及签订合同的策略。

(四)项目管理目标

包括:质量、成本、工期和安全的总目标及其分解的子目标;施工合同要求的目标,承包人自己对项目的规划目标。

(五)项目组织结构及其职责

包括:项目组织结构的建立、项目组织结构各成员的职责。

（六）质量目标和施工方案

包括：招标文件（或发包人）要求的质量目标及其分解目标，保证质量目标实现的主要技术组织措施；重点单位工程或重点分部工程的施工方案，包括工程施工程序和流向，拟采用的施工方法、新技术和新工艺，拟采用的主要施工机械，劳动的组织与管理措施。

（七）工期目标和施工总进度计划

包括：招标文件（或发包人）的总工期目标及其分解目标，主要的里程碑事件及主要施工活动的进度计划安排；施工进度计划表，保证进度目标实现的措施。

（八）成本目标及管理措施

包括：总成本目标和总造价目标，主要成本项目及成本目标分解；人工及主要材料用量，保证成本目标实现的技术措施。

（九）项目风险预测和安全目标及措施

包括：根据工程的实际情况对施工项目的主要风险因素作出预测，相应的对策措施，风险管理的主要原则；安全责任目标，施工过程中的不安全因素，安全技术组织措施；专业性较强的施工项目，应当编制安全施工组织设计，并采取安全技术措施。

（十）项目现场管理和施工平面图

包括：项目现场管理目标和管理原则，项目现场管理主要技术组织措施；承包人对施工现场安全、卫生、文明施工、环境保护、建设公害治理、施工用地和平面布置方案等的规划安排，施工现场平面特点，施工现场平面布置原则，施工平面图及其说明。

（十一）投标和签订施工合同

包括：投标和签订合同总体策略，工作原则，投标小组组成，签订合同谈判组成员，谈判安排，投标和签订施工合同的总体计划安排。

（十二）文明施工及环境保护

主要根据招标文件的要求，现场具体情况，考虑企业的可能性和竞争的需要，对发包人作出现场文明施工及环境保护方面的承诺。

三、编制项目管理规划大纲的依据

编制项目管理规划大纲的编制依据主要包括：①可行性研究报告；②设计文件；③标准；④规范与有关规定；⑤招标文件及有关合同文件；⑥相关市场信息与环境信息。

四、建设工程项目管理规划的编制方法

（1）业主方的建设工程项目管理规划的编制应由业主方项目经理负责，并邀请项目管理班子的主要人员参加。其他各项目参与方的项目管理规划，由各方负责该工程的项目经理或者负责人负责组织编制。

（2）由于项目实施过程中主客观条件的变化是绝对的，不变则是相对的，在项目进展过程中平衡是暂时的，不平衡则是永恒的，因此建设工程项目管理规划必须随着情况的变化而进行动态调整。

任务二　编制项目管理实施规划大纲

 工作步骤

> 步骤一　对施工合同和施工条件进行分析
> 步骤二　对项目管理目标责任书进行分析
> 步骤三　编写目录及框架
> 步骤四　分工编写
> 步骤五　汇总协调
> 步骤六　统一审查
> 步骤七　修改定稿
> 步骤八　报批

 知识链接

一、项目管理实施规划的编制要求

(1)项目管理实施规划必须由项目经理组织项目经理部在工程开工之前编制完成。

(2)项目管理实施规划应反映从获得招标文件到签订合同、项目实施启动过程中经营战略、策略等的变化。对项目管理规划大纲有重大的或原则性的修改,应报请企业批准。

(3)为了满足项目实施的需求,应尽量细化,尽可能利用图表表示。

二、项目管理实施规划的性质

项目管理实施规划应以项目管理规划大纲的总体构想和决策意图为指导,具体规定各项管理业务要求、方法。它是项目管理人员的行为指南,是项目管理规划大纲的细化,应具有操作性,应由项目经理组织编制。

三、项目管理实施规划的作用

(1)执行并细化项目管理规划大纲。

(2)指导项目的过程管理。

(3)将项目管理目标责任书落实到项目经理部,形成实施性文件。

(4)为项目经理指导项目管理提供依据。

(5)项目管理实施规划是项目管理的重要档案资料,为后续工程提供借鉴。

四、项目管理实施规划编制依据

项目管理实施规划的编制依据主要包括:

（1）项目管理规划大纲；

（2）"项目管理目标责任书"；

（3）施工合同；

（4）同类项目的相关资料。

五、项目管理实施规划的内容

项目管理实施规划应包括下列内容：

1. 工程概况

工程概况应包括下列内容：

（1）工程特点；

（2）建设地点及环境特征；

（3）施工条件；

（4）项目管理特点及总体要求。

2. 施工部署

施工部署应包括下列内容：

（1）项目的质量、进度成本及安全目标；

（2）拟投入的最高人数和平均人数；

（3）分包计划、劳动力使用计划、材料供应计划、机械设备供应计划；

（4）施工程序；

（5）项目管理总体安排。

3. 施工方案

施工应包括下列内容：

（1）施工流向和施工顺序；

（2）施工阶段划分；

（3）施工方法和施工机械选择；

（4）安全施工设计；

（5）环境保护内容及方法；

（6）施工进度计划。

施工进度计划应包括下列内容：

（1）施工总进度计划；

（2）工程施工进度计划。

4. 资源供应计划

资源需求计划应包括下列内容：

（1）劳动力需求计划；

（2）主要材料和周转材料需求计划；

（3）机械设备需求计划；

（4）预制品订货和需求计划；

（5）大型工具、器具需求计划；

(五)施工准备工作计划

施工准备工作计划应包括下列内容:

(1)施工准备工作组织及时间安排;

(2)技术准备及编制质量计划;

(3)施工现场准备;

(4)物资准备;

(5)资产准备;

(6)作业队伍和管理人员的准备。

(六)施工平面图

施工平面图应包括下列内容:

(1)施工平面图说明;

(2)施工平面图;

(3)施工平面图管理计划;

(4)施工平面图应按现行制图标准和制度要求进行绘制。

(七)技术组织措施计划

施工技术组织措施计划应包括下列内容:

(1)保证进度目标的措施;

(2)保证质量目标的措施;

(3)保证安全目标的措施;

(4)保证成本目标的措施;

(5)保证季节施工的措施;

(6)保证环境的措施;

(7)文明施工措施;

(8)各项措施应包括技术措施、组织措施、经济措施及合同措施。

(八)项目风险管理规划

项目风险管理规划应包括下列内容:

(1)风险因素识别一览表;

(2)风险可能出现的概率和损失值估计;

(3)风险管理重点;

(4)风险防范对策;

(5)风险管理责任。

(九)项目信息管理规划

项目信息管理规划应包括下列内容:

(1)与项目组织相适应的信息流通系统;

(2)信息中心的建立规划;

(3)项目管理软件的选择与使用规划;

(4)信息管理实施规划。

（十）技术经济指标的计算与分析

技术经济指标的计算与分析应包括下列内容：

（1）规划的指标；

（2）规划指标水平高低的分析和评价；

（3）实施难点和对策。

六、项目管理实施规划的管理

项目管理实施规划的管理应符合下列规定：

（1）项目管理实施规划应经会审后，由项目经理签字并报企业主管领导人审批；

（2）监理机构对项目管理实施规划应按专业和子项目进行交底，落实各自责任；

（3）当监理机构对项目管理实施规划有异议时，经协商后可由项目经理主持修改；

（4）执行项目管理实施规划过程中应进行检查和调整；

（5）项目管理结束后，必须对项目管理实施规划的编制、执行的经验和问题进行总结分析，并归档保存。

任务三　编制施工组织设计

编制施工组织设计大纲步骤如图 1-1 所示。

 知识链接

一、施工组织设计的类型

施工组织设计是以施工项目为对象编制的，用以指导施工全过程各项施工活动的技术、经济、组织、协调和控制的综合性文件。根据施工项目类型的不同可分为：施工组织设计大纲、施工组织总设计、单项（位）工程施工组织设计和分部（项）工程施工组织设计。

（一）施工组织总设计

施工组织总设计是以一个建设项目为对象进行编制，用以指导其建设全过程各项全局性施工活动的技术、经济、组织、协调和控制的综合性文件。它是经过招投标确定了总承包单位之后，在总承包单位的总工程师主持下，会同建设单位、设计单位和分包单位的相应工程师共同编制。主要内容包括：建设项目概况、施工总目标、施工组织、施工部署和施工方案，及施工准备工作、施工总进度、施工总质量、施工总成本、施工总安全、施工总资源、施工总环保和施工总设施等计划，以及施工总风险防范、施工总平面和主要技术经济指标。它是编制单项（位）工程施工组织设计的依据。

（二）单项（位）工程施工组织设计

单项（位）工程施工组织设计是以一个单项或其一个单位工程为对象进行编制，用以指导其施工全过程各项施工活动的技术、经济、组织、协调和控制的综合性文件。它是在签订相应工程施工合同之后，在项目经理组织下，由项目工程师负责编制。主要内容包括：工程概况、施

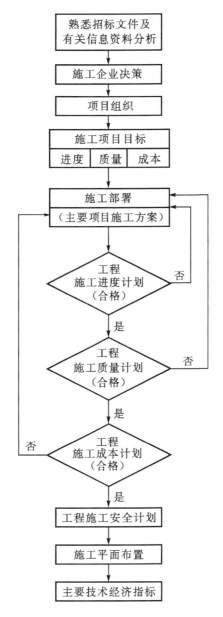

图 1-1 施工组织设计大纲编制程序

工组织和施工方案,及施工准备工作、施工进度、施工质量、施工成本、施工安全、施工资源、施工环保和施工设施等计划,以及施工风险防范、施工平面布置和主要技术经济指标。它是编制分部(项)工程施工组织设计的依据。

(三)分部(项)工程施工设计

分部(项)工程施工设计是以一个分部工程或其一个分项工程为对象进行编制,用以指导其各项作业活动的技术、经济、组织、协调和控制的综合性文件。它是在编制单项(位)工程施工组织设计的同时,由项目主管技术人员负责编制,作为该项目专业工程具体实施的依据。

二、施工组织设计编制的原则

（1）认真贯彻国家工程建设的法律、法规、规程、方针和政策。

（2）严格执行工程建设程序，坚持合理的施工程序、施工顺序和施工工艺。

（3）采用现代建筑管理原理、流水施工方法和网络计划技术，组织有节奏、均衡和连续的施工。

（4）优先选用先进施工技术，科学确定施工方案；认真编制各项实施计划，严格控制工程质量、工程进度、工程成本和安全施工。

（5）充分利用施工机械和设备，提高施工机械化、自动化程度，改善劳动条件，提高生产率。

（6）扩大预制装配范围，提高建筑工业化程度；科学安排冬期和雨期施工，保证全年施工均衡性和连续性。

（7）坚持"安全第一，预防为主"的原则，确保安全生产和文明施工；认真做好生态环境和历史文物的保护，严控施工振动、噪声、粉尘和垃圾污染。

（8）尽量利用永久性设施和组装式施工设施，努力减少施工设施建造量；科学地规划施工平面，减少施工用地。

（9）优化现场物资储存量，合理确定物资储存方式，减少库存量和物资损耗。

三、施工组织设计的编制依据

施工组织设计的编制依据是：项目招标文件及其解释资料；发包人提供的工程信息和资料；招标工程现场及其空间状况；有关该项目投标竞争信息；对该项投标文件及信息的分析；投标企业决策层的投标决策意见。

四、施工组织设计的内容

（一）项目概况

1. **项目构成状况**

其中包括：项目名称、性质和建造地点，占地面积和建设规模，生产工艺流程及其特点，建安工作量和设备安装吨数，以及每个单项工程建筑面积、建筑层数、建筑体积和结构类型。

2. **项目建设、设计和监理单位**

其中包括：建设、勘察和设计单位名称和概况，以及建设单位委托的建设监理单位名称和项目监理班子组织状况。

3. **建设地区自然条件状况**

其中包括：工程地形、工程水文地质和气象状况等，以及地震级别及其危害程度。

4. **建设地区技术经济状况**

其中包括：地方建材生产企业及其产品供应状况，主要建筑材料及其产品质量状况，地方供水、供电、供热和电信服务能力，地方交通运输及其服务能力状况，以及社会劳动力和生活服务设施状况。

5. **项目施工条件**

其中包括：主要材料、特殊材料和设备供应条件，施工图纸供应阶段划分和时间安排，提供施工现场的标准和时间安排。

(二)项目施工目标

根据发包单位要求的目标,经过综合工程信息和条件研究,确定施工目标。该目标必须满足或高于要求的目标,并作为编制施工进度、质量和成本计划的相应控制目标。它包括:施工控制总工期、总成本和总质量等级,以及每个单项工程的控制工期、控制成本和控制质量等级。

(三)项目管理组织

1.确定管理目标

根据施工目标要求,确定管理目标,设立项目管理机构。

2.确定管理工作内容

管理工作内容可按进度控制、质量控制、成本控制、合同管理、信息管理和组织协调六部分划分,作为确定项目组织机构的依据。

3.确定管理组织机构

(1)确定组织机构形式。根据工程规模、性质和复杂程度,确定工程管理组织机构形式,如直线式、职能式、直线职能式或矩阵式组织形式。

(2)确定合理管理层次。根据工程规模和组织机构形式,合理确定管理层次;它一般包括:决策层、管理层和作业层。

(3)制定岗位职责。组织内部岗位职务、职责和权利必须明确,要责权一致。

(4)选派管理人员。按照岗位职责需要,选派管理人员,组成精干高效的项目管理班子。

4.制定管理工作流程和考核标准

为了提高组织效率,要按照工程管理客观性规律,制定管理工作程序、制度及其相应考核标准。

(四)项目施工部署

1.科学地划分开竣工系统

通常施工项目都是由若干个相对独立的投产或交付使用的子系统组成,为明确施工项目分期分批投产或交付使用的施工阶段界线,必须科学地划分独立的施工开竣工系统。

2.合理地确定单项工程开竣工时间

按照每个独立的施工开竣工系统和与其相关辅助工程完成期限要求,必须合理地确定每个单项工程的开竣工时间,保证先后投产或交付使用的独立的施工系统都能够正常运行。

3.安排好全场性施工设施

为全场性服务的施工设施直接影响项目施工经济效果,必须优先安排好。它包括:现场供水、供电、通信、供热等以及各项生产性和生活性施工设施。

4.主要施工方案

根据施工图纸、合同和施工部署要求,分别选择主要的施工方案。它包括确定施工起点流向、施工程序、施工顺序和施工方法。

(五)项目施工进度计划

根据大纲编制对象的工程类型不同,可分别参考施工总进度计划或施工进度计划有关内容。

(六)项目施工质量计划

根据大纲编制对象的工程类型不同,可分别参考项目施工总质量计划或施工质量计划有关内容。

（七）项目施工成本计划

根据大纲编制对象的工程类型不同，可分别参考施工总成本计划或施工成本计划有关内容。

（八）项目施工安全计划

根据大纲编制对象的工程类型不同，可分别参考施工总安全计划或施工安全计划有关内容。

（九）项目施工环保计划

根据大纲编制对象的工程类型不同，可分别参考施工总环保计划或施工环保计划有关内容。

（十）项目施工风险防范

根据大纲编制对象的工程类型不同，可分别参考施工风险总防范或施工风险防范有关内容。

（十一）项目施工平面布置

根据大纲编制对象的工程类型不同，可分别参考施工总平面布置或施工平面布置有关内容。

项目习题

一、选择题

1. 工程项目管理规划的作用为（　　）。

　A. 作为中标后签订合同的依据

　B. 对项目管理的全过程进行规划，为全过程的项目管理提出方向和纲领

　C. 作为承揽业务、编制投标文件的依据

　D. 落实组织责任

　E. 作为对项目经理部考核的依据

2. 工程项目管理规划大纲编制程序排列正确的是（　　）。

　（1）收集项目的有关资料和信息

　（2）分析项目环境和条件

　（3）明确项目目标

　（4）确定项目管理组织模式、结构和职责

　（5）编制项目目标计划和资源计划

　（6）明确项目管理内容

　A. 1－2－3 －4－5－6

　B. 2－4－3－1－6－5

　C. 3－2－1－4－6－5

　D. 2－4－6－3－1－5

3. 项目管理实施规划编制中"编写目录及框架"的下一环节是（ ）。

  A. 修改定稿

  B. 报批

  C. 汇总协调

  D. 分工编写

二、问答题

1. 简述项目管理规划大纲的内容。

2. 简述项目管理规划大纲的依据。

3. 项目管理实施规划应包括哪些内容？

4. 项目管理实施规划的管理应符合哪些规定？

5. 简述施工组织设计大纲的内容。

6. 简述施工组织设计大纲的编制依据。

项目二
建设工程施工成本控制

学习目标

知识目标 了解施工项目成本控制的目的、任务和作用;理解施工项目成本预测的过程和方法;熟悉施工项目成本计划的原则;掌握施工项目成本控制的目的和基本方法;了解施工项目成本核算的任务、原则;掌握施工项目成本分析的方法以及施工项目成本考核的内容和要求。

能力目标 掌握施工项目成本控制的目的和基本方法;掌握施工项目成本分析的方法以及施工项目成本考核的内容和要求,会编制项目施工成本控制计划并进行项目施工成本控制。

案例导入

某施工项目的数据资料见表 2-1,对该项目进行成本控制。

表 2-1 工程数据资料

编码	项目名称	最早开始时间	工期(月)	成本强度(万元/月)
1	场地平整	1	1	20
2	基础施工	2	3	15
3	主体工程施工	4	5	30
4	砌筑工程施工	8	3	20
5	屋面工程施工	10	2	30
6	楼地面施工	11	2	20
7	室内设施安装	11	1	30
8	室内装饰	12	1	20
9	室外装饰	12	1	10
10	其他工程	—	1	10

步骤一:确定施工项目进度计划,编制进度计划的横道图(见图 2-1)。

步骤二:在横道图上按时间编制成本计划(见图 2-2)。

步骤三:计算规定时间 t 计划累计支出的成本额。

编码	项目名称	时间（月）	成本强度（万元/月）	工程进度（月）											
				01	02	03	04	05	06	07	08	09	10	11	12
1	场地平整	1	20	▬											
2	基础施工	3	15		▬▬▬										
3	主体工程施工	5	30			▬▬▬▬▬									
4	砌筑工程施工	3	20								▬▬▬				
5	屋面工程施工	2	30										▬▬		
6	楼地面施工	2	20											▬▬	
7	室内设施安装	1	30											▬	
8	室内装饰	1	20												▬
9	室外装饰	1	10												▬
10	其他工程	1	10												

图 2-1　进度计划横道图

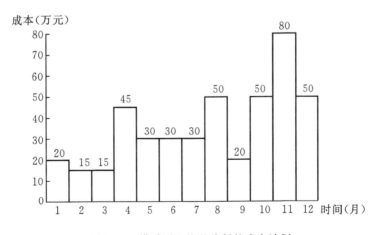

图 2-2　横道图上按月编制的成本计划

$Q1 = 20$　　$Q2 = 35$　　$Q3 = 50$　　$Q4 = 95$　　$Q5 = 125$　　$Q6 = 155$

$Q7 = 185$　　$Q8 = 235$　　$Q9 = 255$　　$Q10 = 305$　　$Q11 = 385$　　$Q12 = 435$

步骤四：绘制 S 形曲线（见图 2-3）。

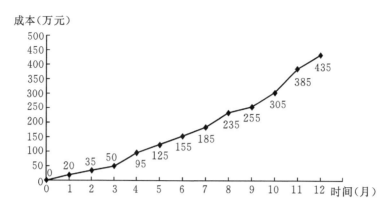

图 2-3 时间—成本累计曲线(S 形曲线)

任务一 编制施工成本管理的任务与措施

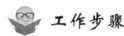 工作步骤

```
步骤一  编制施工成本管理的任务
步骤二  编制施工成本管理的措施
```

知识链接

建设工程施工项目成本是指工程项目的施工成本,是在工程施工过程中所发生的全部生产费用的总和。它包括所消耗的原材料、辅助材料、构配件等的费用,周转材料的摊销费或租赁费等,施工机械的使用费或租赁费等,支付给生产工人的工资、奖金、工资性质的津贴等,以及进行施工组织与管理所发生的全部费用支出。它也是建筑业企业以及施工项目作为核算对象,在施工过程中所耗费的生产资料转移价值和劳动者必要劳动所创造价值的货币形式。

如果施工项目成本管理工作做得好,会对整项工程的管理工作起到很大的促进作用。相反,如果没有做好成本管理工作,则会对工程管理产生很大的负面影响。同时,成本管理工作做得好,也会给工程项目带来良好的经济效益。

一、施工项目成本管理的任务

施工项目成本管理是要在保证工期和满足质量要求的情况下,采取相关管理措施将成本控制在计划范围内,并进一步寻求最大限度的成本节约。施工项目成本管理的任务和环节主要包括:施工项目成本预测、施工项目成本计划、施工项目成本控制、施工项目成本核算、施工项目成本分析、施工项目成本考核。

1.施工项目成本预测

施工项目成本预测是通过成本信息和工程项目的具体情况,运用一定的专门方法,对未来的成本水平及其可能的发展趋势作出科学的估计。它是企业在工程项目实施以前对成本所进行的核算。

2. **施工项目成本计划**

施工项目成本计划是以货币形式编制工程项目在计划期内的生产费用、成本水平、成本降低率及为降低成本所采取的主要措施和规划的书面方案,它是建立工程项目成本管理责任制、开展成本控制和核算的基础。

3. **施工项目成本控制**

施工项目成本控制主要指项目经理部对工程项目成本实施的控制,包括制度控制、定额或指标控制、合同控制等。

4. **施工项目成本核算**

施工项目成本核算是指项目实施过程中所发生的各种费用和形成工程项目成本与计划目标成本,在保持统计口径一致的前提下进行对比,找出差异。

5. **施工项目成本分析**

施工项目成本分析是在工程成本跟踪核算的基础上,动态分析各成本项目的节超原因。它贯穿于工程项目成本管理的全过程,也就是说工程项目成本分析主要利用项目的成本核算资料(成本信息)、目标成本(计划成本)、承包成本以及类似的工程项目的实际成本等进行比较,了解成本的变动情况,同时也要分析主要技术经济指标对成本的影响,系统地研究成本变动的因素,检查成本计划的合理性,并通过成本分析,揭示成本变动的规律,寻找降低施工项目成本的途径。

6. **施工项目成本考核**

施工项目成本考核是工程项目完成后,对工程项目成本形成中的各责任者,按工程项目成本目标责任制的有关规定,将成本的实际指标与计划、定额、预算进行对比和考核,评定施工项目成本计划的完成情况和各责任者的业绩,并依据评定结果给予相应的奖励和处罚。

二、施工项目成本管理的措施

施工项目管理包含着丰富的内容,是一个完整的合同履约过程。它既包括了质量管理、工期管理、资源管理、安全管理,也包括了合同管理、分包管理、预算管理。这一切管理内容,无不与成本管理息息相关。在一项管理内容的每个过程中,成本无不伸出无形的手,在制约、影响、推动或者迟滞着各项专业管理活动,并且与管理的结果产生直接的关系。企业所追求的目标,不仅是质量好、工期短、业主满意,同时又是投入少、产出大、企业获利丰厚的建筑产品。因此,离开了成本的预测、计划、控制、核算和分析等一整套成本管理的系列任务,任何美好的愿望都是不现实的。

为取得施工项目成本管理的理想成效,应从多方面采取措施实施管理,通常可以将这些措施归纳为组织措施、技术措施、经济措施和合同措施。

(一)组织措施

组织措施是从施工成本管理的组织方面采取的措施。施工成本控制是全员的活动,如实行项目经理责任制,落实施工成本管理的组织机构和人员,明确各级施工成本管理人员的任务和职能分工、权利和责任。施工成本管理不仅是专业成本管理人员的工作,各级项目管理人员都负有成本控制的责任。

组织措施的另一方面是编制施工成本控制工作计划,确定合理详细的工作流程。要做好施工采购规划,通过生产要素的优化配置、合理使用、动态管理,有效控制实际成本;加强施工定额管理和施工任务单管理,控制活劳动和物化劳动的消耗;加强施工调度,避免因施工计划不周和盲目调度造成窝工损失、机械利用率降低、物料积压等原因使施工成本增加。成本控制工作只有建立在科学管理的基础上,具备合理的管理体制、完善的规章制度、稳定的作业秩序、完整准确的信息传递,才能取得成效。组织措施是其他各类措施的前提和保障,而且一般不需要增加什么费用,运用得当可以收到良好的效果。

(二)技术措施

施工过程中降低成本的技术措施,包括:进行技术经济分析,确定最佳的施工方案;结合施工方法,进行材料使用的比选,在满足功能要求的前提下,通过代用、改变配合比、使用添加剂等方法降低材料消耗的费用;确定最合适的施工机械、设备使用方案;结合项目的施工组织设计及自然地理条件,降低材料的库存成本和运输成本;先进的施工技术的应用,新材料的运用,新开发机械设备的使用等。在实践中,也要避免仅从技术角度选定方案而忽视对其经济效果的分析论证。

技术措施不仅对解决施工成本管理过程中的技术问题是不可缺少的,而且对纠正施工成本管理目标偏差也有相当重要的作用。因此,运用技术纠偏措施的关键,一是要能提出多个不同的技术方案,二是要对不同的技术方案进行技术经济分析。

(三)经济措施

经济措施是最易为人们接受和采用的措施。管理人员应编制资金使用计划,确定、分解施工成本管理目标。对施工成本管理目标进行风险分析,并制定防范性对策。对各种支出,应认真做好资金的使用计划,并在施工中严格控制各项开支。及时准确地记录、收集、整理、核算实际发生的成本。对各种变更,及时做好增减账,及时落实业主签证,及时结算工程款。通过偏差分析和未完工程预测,可发现一些潜在的问题可能引起未完工程施工成本的增加,对这些问题应主动控制,及时采取预防措施。由此可见,经济措施的运用绝不仅仅是财务人员的事情。

(四)合同措施

采用合同措施控制施工成本,应贯穿整个合同周期,包括从合同谈判开始到合同终结的全过程。首先,选用合适的合同结构,对各种合同结构模式进行分析、比较,在合同谈判时,要争取选用适合于工程规模、性质和特点的合同结构模式。其次,在合同的条款中应仔细考虑一切影响成本和效益的因素,特别是潜在的风险因素。通过对引起成本变动的因素的识别和分析,采取必要的风险对策,如通过合理的方式,增加承担风险的个体数量,降低损失发生的比例,并最终使这些策略反映在合同的具体条款中。

任务二　编制施工成本计划

 工作步骤

> 步骤一　按施工成本组成编制施工成本计划
> 步骤二　按项目组成编制施工成本计划
> 步骤三　按工程进度编制施工成本计划

知识链接

一、编制施工成本计划的工作概述

施工成本可以按成本组成分解为人工费、材料费、施工机械使用费、措施费和间接费,以此编制按施工成本组成分解的施工成本计划。

步骤一所形成的成果,如图2-4所示。

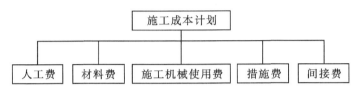

图2-4 按施工成本组成分解

大中型工程项目通常是由若干单项工程构成的,而每个单项工程包括了多个单位工程,每个单位工程又是由若干个分部分项工程所构成。因此,首先要把项目总施工成本分解到单项工程和单位工程中,再进一步分解到分部工程和分项工程中。

步骤二中所形成的成果,如图2-5所示。

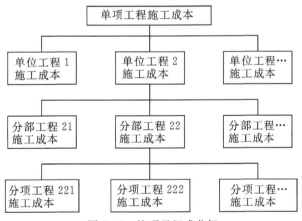

图2-5 按项目组成分解

编制按工程进度的施工成本计划,通常可利用控制项目进度的网络图进一步扩充而得。即在建立网络图时,一方面确定完成各项工作所需花费的时间,另一方面确定完成这一工作合理的施工成本支出计划。

步骤三通过对施工成本目标按时间进行分解,在网络计划基础上,可获得项目进度计划的横道图,并在此基础上编制成本计划。其成果表示方式有两种:一种是在时标网络图上按月编制的成本计划,见图2-6;另一种是利用时间—成本累积曲线(S形曲线)表示的,见图2-7。

二、施工项目成本预测

施工项目成本预测是通过历史数字资料,采用经验总结、统计分析及数字模型等方法对成

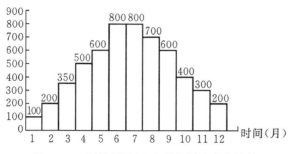

图 2-6 时标网络图上按月编制的成本计划

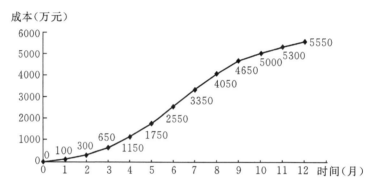

图 2-7 时间—成本累积曲线（S 形曲线）

本进行判断与推测。通过施工项目成本预测，可以为建筑施工企业经营决策和项目部编制成本计划等提供依据。它是实施项目科学管理的一种很重要的工具，越来越被人们所重视。

1. 施工项目成本预测的作用

（1）编制成本计划的基础。计划是管理活动关键的第一步，编制可靠的计划具有十分重要的意义。要编制出正确可靠的施工项目成本计划，必须遵循客观经济规律，从实际出发，对施工项目全过程管理活动进行科学的预测。在编制成本计划前，要在搜集、整理和分析有关施工项目成本、市场行情和施工消耗等资料的基础上，对施工项目进展过程中的物价变动等情况和施工项目成本作出符合实际的预测，这样才能保证施工项目成本计划不脱离实际，切实起到控制施工项目成本的作用。

（2）投标决策的依据。建筑施工企业在选择投标项目过程中，往往需要根据项目是否盈利、利润大小等诸多因素确定是否对工程投标。这样在投标决策时就要估计项目施工成本情况，通过与施工图预算比较，才能分析出项目是否盈利和利润大小等。

（3）施工项目成本管理的重要环节。成本预测是在分析项目施工过程中各种经济与技术要素对成本升降影响的基础上，推算成本水平变化的趋势及其规律，预测施工项目的实际成本。它是预测和分析的有机结合，是事后反馈与事前控制的结合。通过成本预测，有利于及时发现问题，找出施工项目成本管理中的薄弱环节，采取措施，控制成本。

2. 施工项目成本预测的过程

（1）制定预测计划。制定预测计划是预测工作顺利进行的保证。预测计划的主要内容包括组织领导及工作布置、配合的部门、时间进程、搜集材料范围等。如果在预测过程中发现新情况和发觉计划有缺陷时,应及时修正预测计划,以保证预测工作顺利进行并获得较好的预测质量。

(2)搜集整理预测资料。搜集预测资料是进行预测的重要条件。预测资料分为纵向和横向两个方面的数据:纵向资料是施工单位各类材料的消耗及价格的历史数据,据以分析发展趋势;横向资料是指同类施工项目的成本资料,据以分析所预测项目与同类项目的差异,并作出估计。预测资料必须完整、连续、真实。对搜集来的资料要按照各指标的口径进行核算、汇集、整理,以便于比较预测。

(3)成本初步预测。成本初步预测主要是根据定性预测的方法及一些横向资料的定量预测,对施工项目成本进行初步估计。这一步的结果往往比较粗糙,需要结合当前的成本水平进行修正,才能保证预测成本结果的质量。

(4)预测影响成本水平的因素。这些因素主要是物价变化、劳动生产率、物料消耗指标、项目管理办公费开支等,根据近期内其他工程实施情况和本企业职工及当地分包企业情况、市场行情等,推测其对施工项目的成本水平产生的影响。

(5)成本预测。根据初步的成本预测以及对成本水平变化的因素的预测结果,确定该项目的成本情况。包括人工费、材料费、机械使用费和其他直接费等。

(6)分析预测误差。成本预测是对施工项目实施之前的成本预计和推断,往往与实施过程中的实际成本有出入,因而产生预测误差。预测误差的大小可以反映预测的准确程度。

3. 施工项目成本预测的方法

施工项目成本预测的方法可以归纳为两类:第一类是详细预测法,即以近期内的类似过程成本为基数,通过结构与建筑差异调整,以及人工费、材料费等直接费和间接费的修正来测算目前施工项目的成本;第二类是近似预测法,即以过去的类似工程作为参考,预测目前施工项目成本,这类方法主要有时间序列法和指数回归法。

三、施工项目成本计划

通过施工项目成本的预测,才能为制订施工项目成本的计划提供依据。

1. 制订施工项目成本计划的原则

制订施工项目成本计划的原则有:从实际情况出发的原则;采用先进的技术经济定额的原则;弹性原则;统一领导、分级管理的原则;与其他目标计划结合的原则。

2. 项目经理部的责任目标成本

在施工合同签订后,由企业根据合同造价、施工图和招标文件中的工程量清单,确定正常情况下的企业管理费、财务费用和制造成本。将正常情况下的制造成本确定为项目经理部的可控成本,形成项目经理的责任目标成本。

每个工程项目,在实施项目管理之前,首先由公司主管部门与项目经理协商,将合同预算的全部造价收入,分为现场施工费用和企业管理费用两部分。其中,现场施工费用核定的总额,作为项目成本核算的界定范围和确定项目经理部责任成本目标的依据。

在正常情况下将制造成本确定为项目经理部的可控成本,形成项目经理部的责任目标成本。由于按制造成本法计算出来的施工成本,实际上是项目的施工现场成本,反映了项目经理部的成本水平,既便于对项目经理部成本管理责任的考核,也为项目经理部节约开支、降低消耗提供可靠的基础。

责任目标成本是公司主管部门对项目经理部提出的指令成本目标,也是对项目经理部进行详细施工组织设计、优化施工方案、制订降低成本对策和管理措施提出的要求。

责任目标成本是以施工图预算为依据,其确定的过程和方法如下:①按投标报价时所编制的工程估价单,将各项单价换成企业价格,就构成直接费用中的材料费、人工费的目标成本。②以施工组织设计为依据,确定机械台班和周转设备材料的使用量。③其他直接费用中的各子项目均按具体情况或内部价格来确定。④现场施工管理费按各子项目的具体情况来加以确定。⑤投标中压价让利的部分也要加以考虑。

责任目标成本应在仔细研究投标报价时的各项目清单、估价的基础上,由公司主管部门主持,有关部门共同参与分析研究确定。

3.项目经理部的计划目标成本

项目经理在接受企业法定代表人委托之后,应通过主持项目管理实施规划寻求降低成本的途径,组织编制施工预算,确定项目的计划目标成本。

项目经理部编制施工预算应符合下列规定:

(1)以施工方案和管理措施为依据,按照本企业的管理水平、消耗定额、作业效率等进行工料分析,根据市场价格信息,编制施工预算。

(2)施工预算中各分部分项的划分尽量做到与合同预算的分部分项工程划分一致或对应,为以后成本控制逐项对应比较创造条件。

(3)当某些环节或分部分项工程条件尚不明确时,可按照类似工程施工经验或招标文件所提供的计量依据计算暂估费用。

(4)施工预算应在工程开工前编制完成。对于一些编制条件不成熟的分项工程,也要先进行估算,待条件成熟时再做调整。

(5)施工预算编成后,要结合项目管理评审,进行可行性和合理性的论证评价,并在措施上进行必要的补充。

由于施工项目管理是一次性的行为,它的管理对象只是一个施工项目,且随着项目建设任务的完成而结束历史使命。在施工期间,施工成本能否降低,能否取得经济效益,关键在此一举,别无回旋余地,有很大的风险性。因此进行成本的预测与计划不仅必要,而且必须做好。

任务三　编制施工成本控制方案

 工作步骤

> 步骤一　比较
> 步骤二　分析
> 步骤三　预测
> 步骤四　纠偏
> 步骤五　检查

知识链接

一、编制施工成本控制方案的工作概述

比较是指按照某种确定的方式将施工成本计划值与实际值逐项进行比较,以发现施工成本是否已超支。

分析是在比较的基础上,对比较的结果进行分析,以确定偏差的严重性及偏差产生的原因。这一步是施工成本控制工作的核心,其主要目的在于找出产生偏差的原因,从而采取有针对性的措施,减少和避免相同原因的再次发生或减少由此造成的损失。

成本偏差分析可以采用不同的表达方法,常用的有横道图法(见图 2－8)、表格法(见表 2－2)和曲线法(计划工作预算费用 BCWS、已完工作预算费用 BCWP、已完工作实际费用 AC-WP 曲线)(见图 2－9)。

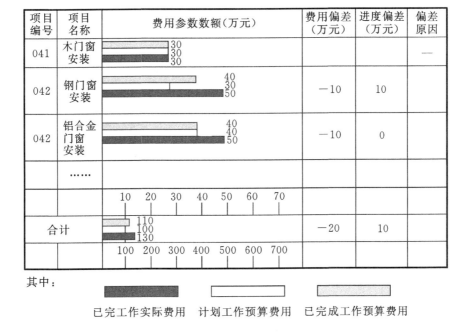

图 2－8　费用偏差分析的横道图法

按照完成情况估计完成项目所需的总费用。当工程项目的实际施工成本出现了偏差,应当根据工程的具体情况、偏差分析和预测的结果,采取适当的措施,以期达到使施工成本偏差尽可能小的目的。纠偏是施工成本控制中最具实质性的一步,只有通过纠偏,才能最终达到有效控制施工成本的目的。

表 2 - 2 费用偏差分析的表格法

项目编码	(1)	041	042	043
项目名称	(2)	木门窗安装	钢门窗安装	铝合金门窗安装
单位	(3)			
预算(计划)单价	(4)			
计划工作量	(5)			
计划工作预算费用（BCWS）	(6)＝(5)×(4)	30	30	40
已完成工作量	(7)			
已完工作预算费用（BCWP）	(8)＝(7)×(4)	30	40	40
实际单价	(9)			
其他款项	(10)			
已完工作实际费用（ACWP）	(11)＝(7)×(9)＋(10)	30	50	50
费用局部偏差	(12)＝(8)－(11)	0	－10	－10
费用绩效指数（CPI）	(13)＝(8)÷(11)	1	0.8	0.8
费用累计偏差	(14)＝∑(12)		－20	
进度局部偏差	(15)＝(8)－(6)	0	10	0
进度绩效指数（SPI）	(16)＝(8)÷(6)	1	1.33	1
进度累计偏差	(17)＝∑(15)		10	

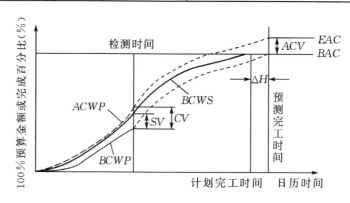

图 2 - 9 费用偏差分析的评价曲线

检查是指对工程的进展进行跟踪和检查,及时了解工程进展状况以及纠偏措施的执行情况和效果,为今后的工作积累经验。

二、施工项目成本控制的原则及基本方法

施工项目成本控制要坚持以下几个原则:全面控制原则;开源与节流相结合原则;目标管理原则;中间控制原则;责、权、利相结合原则。

(一)施工图预算控制成本支出

在工程项目的成本控制中,可按施工图预算实行"以收定支",具体的处理方法包括:人工费的控制,材料费的控制,施工机械使用费的控制,周转设备使用费的控制,构件加工费和分包费的控制。

(二)施工预算控制资源消耗

资源消耗数量的货币表现就是成本费用。因此,资源消耗的减少,就等于成本费用的节约,控制了资源消耗,也等于是控制了成本费用。施工预算控制资源消耗的实施步骤和方法如下:

(1)项目开工以前,编制整个工程项目的施工预算,作为指导和管理施工的依据。如果是边设计边施工的项目,则编制分阶段的施工预算。

(2)对生产班组的任务安排,必须签发施工任务单和限额领料单,并向生产班组进行技术交底。施工任务单和限额领料单的内容应与施工预算完全相符,不允许篡改施工预算,也不允许有定额不用而另行估工。

(3)在施工任务单和限额领料单的执行过程中,要求生产班组根据实际完成的工程量和实耗人工、实耗材料做好原始记录,作为施工任务单和限额领料单结算的依据。

(4)任务完成后,根据回收的施工任务单和限额领料单进行结算,并按照结算内容支付报酬(包括奖金)。

(三)成本与进度同步跟踪,控制分部分项工程成本

1.横道图计划进度与成本的同步控制

(1)每个分项工程的进度与成本的同步关系,即施工到什么阶段,将发生多少成本;

(2)每个分项工程的计划施工时间与实际施工时间(从开始到结束)之比(提前或拖期),以及对后道工序的影响;

(3)每个分项工程的计划成本与实际成本之比(节约或超支),以及对完成某一时期责任成本的影响;

(4)每个分项工程施工进度的提前或拖期对成本的影响程度;

(5)整个施工阶段的进度和成本情况。

 特别提示

通过进度与成本同步跟踪的横道图,要求实现:以计划进度控制实际进度;以计划成本控制实际成本。随着每道工序进度的提前或拖期,对每个分项工程的成本实行动态控制,以保证项目成本目标的实现。

2.网络图计划进度与成本的同步控制

网络图计划进度与成本的同步控制,与横道图计划基本相同。不同的是,网络计划在施工进度的安排上更有逻辑性,而且可随时进行优化和调整,因而对每道工序的成本控制也更有效。

(四)建立月度财务收支计划,控制成本费用支出

(1)以月度施工作业计划为龙头,并以月度计划产值为当月财务收入计划,同时由项目各部门根据月度施工作业计划的具体内容编制部门的用款计划。

(2)根据各部门的月度用款计划进行汇总,并按照用途的轻重缓急平衡调度,同时提出具体的实施意见,经项目经理审批后执行。

(3)在月度财务收支计划的执行过程中,项目财务人员应该根据各部门的实际情况做好记录,并于下月初反馈给相关部门,由各部门自行检查分析节超原因,吸取经验教训。对于节超幅度较大的部门,应以书面分析报告分送项目经理和财务部门,以便项目经理和财务部门采取针对性的措施。

(五)加强质量管理,控制质量成本

质量成本是指项目为保证和提高产品质量而支出的一切费用,以及为达到质量指标而发生的一切损失费用。质量成本包括控制成本和故障成本。控制成本包括预防成本和鉴定成本,属于质量成本保证费用,与质量水平成正比关系;故障成本包括内部故障成本和外部故障成本,属于损失性费用,与质量水平成反比关系。

(六)坚持现场管理标准化,减少浪费

现场管理和现场安全生产管理,稍有不慎,就会造成浪费和损失。因此,要健全现场的各种管理,堵塞浪费漏洞。

(七)开展"三同步"检查,防止成本盈亏异常

项目经济核算的"三同步"就是统计核算、业务核算、会计核算的"三同步",具体表现为完成多少产值,消耗多少资源,发生多少成本,三者应该同步,否则,项目成本就会出现盈亏异常情况。

三、施工项目成本控制的运行

施工项目成本控制宜采用目标管理的方法,发挥约束激励机制的作用,有效地进行全面控制。项目经理部应根据计划目标成本的控制要求,建立成本目标控制体系,健全责任制度,做好目标的分解,搞好成本计划的交底和成本计划的贯彻落实。

施工生产要素的配置应根据计划的目标成本进行询价采购或劳务分包,实行量和价的预控,贯彻"先算后买"的原则。用工、材料、设备等必须优化配置、合理使用、动态管理,有效控制实际成本;应加强施工定额管理和施工任务单管理,控制活劳动和物化劳动的消耗。

项目经理部要注意克服不合理的施工组织、计划和调度可能造成的窝工、机械利用率降低、物料积压等各种浪费和损失。

在项目成本控制过程中,项目经理部应加强施工合同管理和施工索赔管理,及时按规定程序做好变更签证、施工索赔所引起的施工费用增减变化的调整处理,防止施工效益流失。

四、施工项目成本核算的概述

(一)施工项目成本核算的对象

成本核算对象的确定,是设立工程成本明细分类账户,归集和分配生产费用及正确计算工程成本的前提。成本核算对象,是指在计算工程成本中确定归集和分配生产费用的具体对象,即生产费用承担的客体。

(二)施工项目成本核算的任务

(1)成本核算的前提和首要任务是:执行国家有关成本开支范围、费用开支标准、工程预算定额和企业施工预算、成本计划的有关规定,控制费用,促使项目合理、节约地使用人力、物力和财力。

(2)成本核算的主体和中心任务是:正确、及时地核算施工过程中发生的各项费用,计算施工项目的实际成本。

(3)成本核算的根本目的是:反映和监督工程项目成本计划的完成情况,为项目成本预测以及参与施工项目生产、技术和经营决策提供可靠的成本报告和有关资料,促使项目改善经营管理,降低成本,提高经济效益。

(三)施工项目成本核算的原则

为了发挥施工项目成本管理职能,提高施工项目管理水平,施工项目成本核算就必须讲求质量,才能提供对决策有用的成本信息。施工项目成本核算必须遵循的原则有:确认原则;相关性原则;连贯性原则;分期核算原则;及时性原则;配比原则;实际成本核算原则;权责发生制原则。

(四)施工项目成本核算的要求

(1)每一个月为一个核算期,在月末进行;

(2)采取会计核算、统计核算、业务核算"三算结合"的方法;

(3)在核算中做好实际成本与责任目标成本的对比、实际成本与计划目标成本的对比分析;

(4)核算对象按单位工程划分,并与责任目标成本的界定范围相一致;

(5)坚持形象进度、施工产值统计、实际成本归集"三同步";

(6)编制月度项目成本报告上报企业,以接受指导、检查和考核;

(7)每月末预测后期成本的变化趋势和现状,制定改善成本控制的措施;

(8)搞好施工产值和实际成本的归集,包括月工程结算收入、人工成本机械使用成本、其他直接费和现场管理费。

五、施工项目成本核算的基础工作

(一)健全企业和项目两个层次的核算组织体制

其中包括:建立健全原始记录制度;建立健全各种财产物资的收发、领退、转移、保管、清查、盘点、索赔制度;制定先进合理的企业成本定额;建立企业内部结算体系;对成本核算人员进行培训。

(二)规范以项目核算为基点的企业成本会计账表

施工企业成本会计账表包括：工程施工账、施工间接费账表、其他直接费账表、项目工程成本表、在建工程成本明细表、竣工工程成本明细表、施工间接费表。

 知识窗

一个企业制订科学、先进的成本计划后，只有加强对成本的控制力度，才可能保证成本目标的实现。否则，只有成本计划，而在施工过程中控制不力，不能及时消除施工中的损失浪费，成本目标根本无法实现。所以说，施工项目成本控制应贯穿于施工项目从投标阶段开始直到项目竣工验收交付使用及工程保修的全过程，它是企业全面成本管理的核心功能，是实现成本计划的重要环节。

任务四　施工成本分析及工程变更价款的结算

【例 2 - 1】　商品混凝土目标成本为 443 040 元，实际成本为 473 697 元，比目标成本增加 30 657 元，见表 2 - 3。

表 2 - 3　商品混凝土的实际成本与目标成本

项目	单位	目标成本	实际成本	差额
产量	m³	600	630	＋30
单价	元	710	730	＋20
损耗率	％	4	3	－1
成本	元	443 040	473 697	＋30 657

解：步骤一：分析对象是商品混凝土的成本，实际成本与目标成本的差额为 30 657 元，该指标是由产量、单价、损耗率三个因素组成的。

步骤二：以目标数 443 040 元（＝600×710×1.04）为分析替代的基础。

(1)第一次替代产量因素，以 630 替代 600：
$$630×710×1.04＝465 192（元）$$

(2)第二次替代单价因素，以 730 替代 710，并保留上次替代后的值：
$$630×730×1.04＝478 296（元）$$

(3)第三次替代损耗率因素，以 1.03 替代 1.04，并保留上两次替代后的值：
$$630×730×1.03＝473 697（元）$$

步骤三：计算差额。

(1)第一次替代与目标数的差额＝465 192－443 040＝22 152（元）。

(2)第二次替代与第一次替代的差额＝478 296－465 192＝13 104（元）。

(3)第三次替代与第二次替代的差额＝473 697－478 296＝－4 599（元）。

产量增加使成本增加了 22 152 元，单价提高使成本增加了 13 104 元，而损耗率下降使成

本减少了 4 599 元。

各因素的影响程度之和＝22 152＋13 104－4 599＝30 657(元)。

 知识链接

一、施工项目成本分析的依据

施工项目成本分析,就是根据会计核算、业务核算和统计核算提供的资料,对施工项目成本的形成过程影响成本升降的因素进行分析,以寻求进一步降低成本的途径。同时,通过成本分析,可从账簿、报表反映的成本现象看清成本的实质,从而加强项目成本的透明度和可控性,加强成本控制,为实现项目成本目标创造条件。项目经理部应将成本分析的结果形成文件,为纠正和预防成本偏差、改进成本控制方法、制定降低成本措施、改进成本控制体系等提供依据。

二、施工项目成本分析的方法

由于施工项目成本涉及的范围很广,需要分析的内容也很多,应该在不同的情况下采取不同的分析方法。

(一)成本分析的基本方法

成本分析的基本方法包括对比分析法、因素分析法、差额计算法和挣值法。

1. 对比分析法

该方法以量价分离为原则,分析影响成本节超的主要因素。它包括实际成本与两种目标成本的对比分析、实施工程量和工程量清单的对比分析、实际消耗量与计划消耗量的对比分析、实际采用价格与计划价格的对比分析、各种费用实际发生额与计划支出额的对比分析。对比分析通常包括以下几种形式。

(1)本期实际指标和上期实际指标相比。通过这种对比,可以看出各项技术经济指标的变动情况,反映施工管理水平的提高程度。

(2)将实际指标与目标指标对比。以此检查目标完成情况,分析影响目标完成的积极因素和消极因素,以便及时采取措施,保证成本目标的实现。在进行实际指标与目标指标对比时,还应注意目标本身有无问题,如果目标本身出现问题,则应调整目标,重新正确评价实际工作的成绩。

(3)与本行业平均水平、先进水平对比。通过这种对比,可以反映本项目的技术管理和经济管理与行业的平均水平和先进水平的差距,进而采取措施赶超先进水平。

2. 因素分析法

因素分析法又称连环替代法,该方法可以对影响成本节超的各种因素的影响程度进行数量分析。例如,影响人工成本的因素是工程量、人工量(工日)和日工资单价。如果实际人工成本与计划人工成本发生差异,则可用此法分析三个因素各有多少影响。计算时先列式计算计划数,再用实际的工程量代替计划工程量计算,得数与前者相减,即得出工程量对人工成本偏差的影响。然后依次替代人工数、单价数进行计算,并各与前者相减,得出人工的影响数和单价的影响数。利用此法的关键是要排好替代的顺序,规则是:先替代绝对数,后替代相对数;先替代物理量,后替代价值量。

3. 差额计算法

此方法与连环替代法本质相同,也可以说是连环替代法的简化计算法,是直接用因素的实际数与计划数相减的差额计算对成本的影响量分析的方法。

4. 挣值法

此法又称费用分析法或盈利值法。可用来分析项目在成本支出和时间方面是否符合原计划要求。它要求计算三个关键数值,即计划工作成本(BCWS)、已完工作实际成本(ACWP)和已完工作计划成本(BCWP)(即"挣值"),然后用这三个数进行以下计算。

(1)费用偏差(CV)=BCWO-ACWP。该项差值大于零时,表示项目未超支。

(2)进度偏差(SV)=BCWP-BCWS。该项差值大于零时,表示项目进度提前。

(3)成本绩效指数(CPI)=BCWP/ACWP。该项指数大于1时,表示项目成本未超支。

(4)进度绩效指数(SPI)=BCWP/BCWS。该项指数大于1时,表示项目进度正常。

(二)综合成本的分析方法

所谓综合成本,是指涉及多种生产要素,并受多种因素影响的成本费用,如分部分项工程成本、月(季)度成本和年度成本等。由于这些成本都是随着项目施工的进展而逐步形成的,与生产经营有着密切的关系。因此,做好上述成本的分析工作,无疑将促进项目的生产经营管理,提高项目的经济效益。

1. 分部分项工程成本分析

分部分项工程成本分析是施工项目成本分析的基础。分部分项工程成本分析的对象为已完成分部分项工程。分析的方法是:进行预算成本、目标成本和实际成本的"三算"对比,分别计算实际偏差;分析偏差产生的原因,为今后的分部分项工程成本寻求节约途径。

2. 月(季)度成本分析

月(季)度成本分析,是施工项目定期的、经常性的中间成本分析。对于具有一次性特点的施工项目来说,有着特别重要的意义。因为通过月(季)度成本分析,可以及时发现问题,以便按照成本目标指定的方向进行监督和控制,保证项目成本目标的实现。月(季)度成本分析的依据是当月(季)的成本报表,通常从以下几个方面进行分析。

(1)通过实际成本与预算成本的对比,分析当月(季)的成本降低水平;通过累计实际成本与累计预算成本对比,分析累计的成本降低水平,预测实际项目成本目标的前景。

(2)通过实际成本与目标成本的对比,分析目标成本的落实情况,以及目标管理中的问题和不足,进而采取措施,加强成本管理,保证成本目标的落实。

(3)通过对各成本项目的成本分析,可以了解成本总量的构成比例和成本管理的薄弱环节。例如在成本分析中,发现人工费、机械费和间接费等项目大幅度超支,就应该对这些项目费用的收支关系认真研究,并采取对应的增收节支措施,防止今后再超支。如果属于规定的"政策性"亏损,则应从控制支出着手,把超支额压缩到最低限度。

(4)通过主要技术经济指标的实际与目标对比,分析产量、工期、质量、"三材"(水泥、钢材、木材)节约率、机械利用率等对成本的影响。

(5)通过对技术组织措施执行效果分析,寻求更加有效的节约途径。

(6)分析其他有利条件和不利条件对成本的影响。

3. 年度成本分析

年度成本分析的依据是年度成本报表。年度成本分析的内容,除了月(季)度成本分析的六个方面以外,重点是针对下一年度的施工进展情况规划切实可行的成本管理措施,以保证施工项目成本目标的实现。

4.竣工成本的综合分析

单位工程竣工成本分析,应包括三方面的内容:竣工成本分析、主要资源节超对比分析和技术节约措施及经济效果分析。

(三)成本项目的分析方法

1.人工费分析

在实行管理层和作业层分离的情况下,项目施工所需要的人工和人工费,由项目经理部与劳务分包企业签订劳务承包合同,明确承包范围、承包金额和双方的权利、义务。对项目经理部来说,除了按合同规定支付劳务费以外,还可能发生一些其他人工费支出,如工程量增减而调整的人工费,定额以外的计时工工资,对班组或个人的奖励费用等。项目经理部应根据具体情况,结合劳务合同的管理进行分析。

2.材料费分析

材料费分析包括主要材料、周转材料使用费的分析以及材料储备的分析。

(1)主要材料费用的高低,主要受价格和消耗数量的影响。而材料价格的变动,又要受采购价格、运输费用、路途损耗等因素的影响。材料消耗数量的变动,也要受操作损耗、管理损耗和返工损失等因素的影响,可在价格变动较大和数量超用异常的时候再做深入分析。为了分析材料价格和消耗数量的变化对材料费用的影响程度,可按下列公式计算:

因材料价格变动对材料费的影响＝(预算单价－实际单价)×消耗数量

因消耗数量变动对材料费的影响＝(预算用量－实际用量)×预算价格

(2)对于周转材料使用费主要是分析其利用率和损耗率。实际计算中可采用"差额分析法"来计算周转率对周转材料使用费的影响程度。

(3)材料储备分析主要是对材料保管费用和材料储备资金占用的分析,具体可用因素分析法来进行。

3.机械使用费分析

影响机械使用费的因素主要是机械利用率。造成机械利用率不高的因素,是机械调度不当和机械完好率不高。因此在机械设备使用中,必须充分发挥机械的效用,加强机械设备的平衡调度,做好机械设备平时的维修保养工作,提高机械的完好率,保证机械的正常运转。

4.施工间接费分析

施工间接费就是施工项目经理部为管理施工而发生的现场经费。因此,进行施工间接费分析,需要运用计划与实际对比的方法。施工间接费实际发生数的资料来源为工程项目的施工间接费明细账。通过以上分析,可以全面了解单位工程的成本构成和降低成本的来源,对今后同类工程的成本管理很有参考价值。

通过施工项目成本分析,可以全面了解单位成本的构成和降低成本的渠道方法,对今后同类工程的成本管理有很好的参考价值。

三、施工项目成本考核

(一)施工项目成本考核的目的、内容及要求

施工项目成本考核是贯彻项目成本责任制的重要手段,也是项目管理激励机制的体现。

施工项目成本考核的目的是通过衡量项目成本降低的实际成果,对成本指标完成情况进行总结和评价。

项目成本考核的内容应包括责任成本完成情况考核和成本管理工作业绩考核。

施工项目成本考核应分层进行,企业对项目经理部进行成本管理考核,项目经理部对项目内部各岗位及各作业队进行成本管理考核。因此企业和项目经理部都应建立健全项目成本考核的组织,公正、公平、真实、准确地评价项目经理部及管理人员的工作业绩和存在的问题。

(二)施工项目成本考核的实施

(1)施工项目的成本考核采取评分制。具体方法为:先按考核内容评分,然后按一定的比例(假设为 7∶3)加权平均,即责任成本完成情况的评分占 70%,成本管理工作业绩占 30%。

(2)施工项目成本考核要与相关指标的完成情况相结合。即成本考核的评分是奖罚的依据,相关指标的完成情况为奖罚的条件。与成本考核相关的指标,一般有进度、质量、安全和现场管理等。

(3)强调项目成本的中间考核。施工项目成本的中间考核分为月度成本考核和阶段成本考核。在月度成本考核时,不能单凭报表数据,要结合成本分析资料和施工生产、成本管理的实际情况,然后作出准确的评价,以带动今后的成本管理工作,保证项目成本目标的实现。

 特别提示

施工项目的阶段,一般分为基础、结构主体、装饰装修、屋面四个阶段,高层结构可对结构主体分层进行成本考核。

在施工告一段落后的成本考核,可与施工阶段其他指标的考核结合得更好,也更能反映施工项目的管理水平。

(4)准确考核施工项目的竣工成本。施工项目的竣工成本,是在工程竣工和工程款结算的基础上编制的,它是竣工成本考核的依据。

施工项目的竣工成本是项目经济效益的最终反映。它既是上缴利税的依据,又是进行职工分配的依据。由于施工项目竣工成本关系到企业和职工的利益,必须做到核算清楚,考核准确。

(5)施工项目成本的奖罚。施工项目成本考核的结果,必须要有一定的经济奖罚措施,这样才能调动职工的积极性,才能发挥全员成本管理的作用。

四、工程变更价款的结算

(一)《建设工程施工合同(示范文本)》条件下的工程变更的程序

1. 工程设计变更的程序

(1)发包人对原设计进行变更。施工中发包人如果需要对原工程设计进行变更,应提前14 天以书面形式向承包人发出变更通知。承包人对于发包人的变更通知没有拒绝的权利,这是合同赋予发包人的一项权利。因为发包人是工程的出资人、所有人和管理者,对将来工程的运行承担主要责任,只有赋予发包人这样的权利才能减少更大的损失。但是,变更超过原设计标准或批准的建设规模时,发包人应报规划管理部门和其他有关部门重新审查批准,并由原设计单位提供变更的相应图纸和说明。承包人按照工程师发出的变更通知及有关要求变更。

（2）因承包人原因对原设计进行变更。施工中承包人不得为了施工方便而要求对原工程设计进行变更，承包人应当严格按照图纸施工，不得随意变更设计。施工中承包人提出的合理化建议涉及对设计图纸或者施工组织设计的更改及对原材料、设备的更换，须经工程师同意。工程师同意变更后，须经原规划管理部门和其他有关部门审查批准，并由原设计单位提供变更的相应图纸和说明。

未经工程师同意，承包人擅自更改或换用，承包人应承担由此发生的费用，并赔偿发包人的有关损失，延误的工期不予顺延。工程师同意采用承包人合理化建议，所发生费用和获得收益的分担或分享，由发包人和承包人另行约定。

2.其他变更的程序

从合同角度看，除设计变更外，其他能够导致合同内容变更的都属于其他变更。如双方对工程质量要求的变化（如涉及强制性标准的变化）、双方对工期要求的变化、施工条件和环境的变化导致施工机械和材料的变化等。这些变更的程序，首先应当由一方提出，与对方协商一致后，方可进行变更。

(二)《建设工程施工合同（示范文本）》条件下的工程变更价款的确定程序

（1）承包人在工程变更确定后14天内，可提出变更涉及的追加合同价款要求的报告，经工程师确认后相应调整合同价款。如果承包人在双方确定变更后的14天内，未向工程师提出变更工程价款的报告，视为该项变更不涉及合同价款的调整。

（2）工程师应在收到承包人的变更合同价款报告后14天内，对承包人的要求予以确认或作出其他答复。工程师无正当理由不确认或答复时，自承包人的报告送达之日起14天后，视为变更价款报告已被确认。

（3）工程师确认增加的工程变更价款作为追加合同价款，与工程进度款同期支付。工程师不同意承包人提出的变更价款，按合同约定的争议条款处理。

因承包人自身原因导致的工程变更，承包人无权要求追加合同价款。如由于承包人原因实际施工进度滞后于计划进度，某工程部位的施工与其他承包人的施工发生干扰，工程师发布指示改变了他的施工时间和顺序导致施工成本的增加或效率降低，承包人无权要求补偿。

(三)《建设工程施工合同（示范文本）》约定的工程变更价款的确定方法

在工程变更确定后14天内，设计变更涉及工程价款调整的，由承包人向发包人提出，经发包人审核同意后调整合同价款。变更合同价款按照下列方法进行：

（1）合同中已有适用于变更工程的价格，按合同已有的价格变更合同价款；

（2）合同中只有类似于变更工程的价格，可以参照类似价格变更合同价款；

（3）合同中没有适用或类似于变更工程的价格，由承包人或发包人提出适当的变更价格，经对方确认后执行。

如双方不能达成一致意见，双方可提请工程所在地工程造价管理机构进行咨询或按合同约定争议或纠纷解决程序办理。因此，在变更后合同价款的确定上，首先应当考虑使用合同中已有的、能够适用或者能够参照适用的，其原因在于合同中已经订立的价格（一般是通过招标投标）是较为公平合理的，因此应当尽量采用。

采用合同中工程量清单的单价或价格有几种情况：一是直接套用，即从工程量清单上直接拿来使用;二是间接套用,即依据工程量清单,通过换算后采用;三是部分套用,即依据工程量清单,取其价格中的某一部分使用。

例如,某合同钻孔桩的工程情况是:直径为1.0米的共计长1 501米;直径为1.2米的共计长2 017米。原合同规定选择直径为1.0米的钻孔桩做静载破坏试验。显然,如果选择直径为1.2米的钻孔桩做静载破坏试验对工程更具有代表性和指导意义。因此监理工程师决定变更。但在原工程量清单中仅有直径为1.0米静载破坏试验的价格,没有直接或其他可套用的价格供参考。经过认真分析,监理工程师认为,钻孔桩做静载破坏试验的费用主要由两部分构成:一部分为试验费用;另一部分为桩本身的费用,而试验方法及设备并未因试验桩直径的改变而发生变化。因此,可认为试验费用没有增减,费用的增减主要由钻孔桩直径变化而引起的桩本身的费用的变化。直径为1.2米的普通钻孔桩的单价在工程量清单中就可以找到,且地理位置和施工条件相近。因此,采用直径为1.2米的钻孔桩静载破坏试验的费用为:直径为1.0米静载破坏试验费+直径为1.2米的钻孔桩的清单价格。

例如,某合同路堤土方工程完成后,发现原设计在排水方面考虑不周,为此发包人同意在适当位置增设排水管涵。在工程量清单上有100多道类似管涵,但承包人不同意直接从中选择合适的作为参考依据。理由是变更设计提出时间较晚,其土方已经完成并准备开始路面施工,新增工程不但打乱了其进度计划,而且二次开挖土方难度较大,特别是重新开挖用石灰土处理过的路堤,与开挖天然表土不能等同。监理工程师认为承包人的意见可以接受,不宜直接套用清单中的管涵价格。经与承包人协商,决定采用工程量清单上的几何尺寸、地理位置等条件相近的管涵价格作为新增工程的基本单价,但对其中的"土方开挖"一项在原报价基础上按某个系数予以适当提高,提高的费用叠加在基本单价上,构成新增工程价格。

(四)《建设工程工程量清单计价规范》(GB50500—2013)有关工程变更的规定

(1)工程变更引起已标价工程量清单项目或其工程数量发生变化,应按照下列规定调整:

① 已标价工程量清单中有适用于变更工程项目的,采用该项目的单价;但当工程变更导致该清单项目的工程数量发生变化,且工程量偏差超过15%,此时,该项目单价的调整应按照清单规范进行调整。

② 已标价工程量清单中没有适用、但有类似于变更工程项目的,可在合理范围内参照类似项目的单价。

③ 已标价工程量清单中没有适用也没有类似于变更工程项目的,由承包人根据变更工程资料、计量规则和计价办法、工程造价管理机构发布的信息价格和承包人报价浮动率提出变更工程项目的单价,报发包人确认后调整。承包人报价浮动率可按下列公式计算:

招标工程:承包人报价浮动率$L=(1-$中标价/招标控制价$)\times100\%$;

非招标工程:承包人报价浮动率$L=(1-$报价值/施工图预算$)\times100\%$

④ 已标价工程量清单中没有适用也没有类似于变更工程项目,且工程造价管理机构发布的信息价格缺价的,由承包人根据变更工程资料、计量规则、计价办法和通过市场调查等取得有合法依据的市场价格提出变更工程项目的单价,报发包人确认后调整。

(2)工程变更引起施工方案改变,并使措施项目发生变化的,承包人提出调整措施项目费的,应事先将拟实施的方案提交发包人确认,并详细说明与原方案措施项目相比的变化情况。

拟实施的方案经发承包双方确认后执行。该情况下,应按照下列规定调整措施项目费:

① 安全文明施工费,按照实际发生变化的措施项目调整。

② 采用单价计算的措施项目费,按照实际发生变化的措施项目按清单规范规定相应条款确定单价。

③ 按总价(或系数)计算的措施项目费,按照实际发生变化的措施项目调整,但应考虑承包人报价浮动因素,即调整金额按照实际调整金额乘以清单规范规定的承包人报价浮动率计算。

如果承包人未事先将拟实施的方案提交给发包人确认,则视为工程变更不引起措施项目费的调整或承包人放弃调整措施项目费的权利。

(3)如果工程变更项目出现承包人在工程量清单中填报的综合单价与发包人招标控制价或施工图预算相应清单项目的综合单价偏差超过15%,则工程变更项目的综合单价可由发承包双方按照下列规定调整:

① 当 $P_0 < P_1 \times (1-L) \times (1-15\%)$ 时,该类项目的综合单价按照 $P_1 \times (1-L) \times (1-15\%)$ 调整。

② 当 $P_0 > P_1 \times (1+15\%)$ 时,该类项目的综合单价按照 $P_1 \times (1+15\%)$ 调整。

式中:P_0—— 承包人在工程量清单中填报的综合单价;

P_1—— 发包人招标控制价或施工预算相应清单项目的综合单价;

L—— 承包人报价浮动率。

(4)如果发包人提出的工程变更,因为非承包人原因删减了合同中的某项原定工作或工程,致使承包人发生的费用或(和)得到的收益不能被包括在其他已支付或应支付的项目中,也未被包含在任何替代的工作或工程中,则承包人有权提出并得到合理的利润补偿。

【例2-2】　某独立土方工程,招标文件中估计工程量为100万立方米,合同中规定:土方工程单价为5元/立方米,当实际工程量超过估计工程量15%时,调整单价,单价调为4元/立方米。工程结束时实际完成土方工程量为130万立方米,则土方工程款为多少万元?

解:合同约定范围内(15%以内)的工程款为:

$$100 \times (1+15\%) \times 5 = 115 \times 5 = 575(万元)$$

超过15%之后部分工程量的工程款为:

$$(130-115) \times 4 = 60(万元)$$

则土方工程款合计为:

$$575+60 = 635(万元)$$

项目习题

1.如何进行施工成本控制?

2.在施工成本计划的编制过程中可以采用什么方法来进行编制?

3.背景:某汽车制造厂建设施工土方工程中,承包商在合同标明有松软石的地方没有遇到松软石,因此工期提前1个月。但在合同中另一未标明有坚硬岩石的地方遇到很多的坚硬岩石,开挖工作变得更加困难,由此造成了实际生产率比原计划低得多,经测算影响工期3个月。由于施工速度减慢,使得部分施工任务拖到雨期进行,按一般公认标准推算,又影响工期2个月。为此承包商准备提出索赔。回答以下问题并编制索赔报告。

问题 1：该项施工索赔能否成立？为什么？

问题 2：在该索赔事件中，应提出的索赔内容包括哪两方面？

问题 3：在工程施工中，通常可以提供的索赔证据有哪些？

项目三
建设工程项目施工进度控制

学习目标

知识目标 熟悉施工项目进度管理的基本概念;熟悉施工进度计划的编制和实施;掌握施工进度计划的检查;掌握施工进度计划的调整。

能力目标 能够编制等节奏流水施工组织方式的施工进度计划;能够编制异节奏流水施工组织方式的施工进度计划;能够编制无节奏流水施工组织方式的施工进度计划;能够采用双代号网络图编制施工进度计划;能够编制工程项目进度计划的调整方法及措施。

案例导入

[设计一] 本工程为一幢四层高校教学楼,建筑面积为 1 850m²。基础采用钢筋混凝土条形基础,主体结构为现浇框架结构。屋面工程为现浇钢筋混凝土屋面板,贴一毡二油防水,外加架空隔热层。装修工程为铝合金窗、胶合板门,外墙用白色外墙砖贴面,内墙为中级抹灰,外加106 涂料饰面。本工程计划工期为 120 天,工程已经具备施工条件。其总劳动量如表 3-1 所示。

表 3-1 某幢四层框架结构教学楼劳动量一览表

序　　号	分项名称	劳动量(工日)
一	**基础工程**	
1	基槽挖土	200
2	混凝土垫层	16
3	基础扎筋	48
4	基础混凝土	100
5	素混凝土墙基础	60
6	回填土	64
二	**主体工程**	
7	脚手架	112
8	柱筋	80
9	柱梁模板(含梯)	960
10	柱混凝土	320

序 号	分项名称	劳动量(工日)
11	梁板筋(含梯)	320
12	梁板混凝土(含梯)	720
13	拆模	160
14	砌墙(含门窗框)	720
三	**屋面工程**	
15	屋面防水层	56
16	屋面隔热层	36
四	**装修工程**	
17	楼地面及楼梯水泥砂	480
18	天棚墙面中级抹灰	640
19	天棚墙面106涂料	46
20	铝合金窗	80
21	胶合板门	48
22	外墙面砖	450
23	油漆	45
五	**室外工程**	—
六	**水电工程**	—
24	卫生设备安装	—
25	电气设备安装	—

施工组织过程分析：

本工程是由基础分部、主体分部、屋面分部、装修分部、室外工程水电分部组成,因各分部的各分项工程的劳动量差异较大,无法按等节奏流水施工方式组织流水,故可采取一般异节奏方式组织流水,保证各分部工程的各分项工程的施工过程施工节奏相同,这样可以使各专业班组在各施工过程的施工段上施工连续,无窝工现象。然后再考虑各分部之间的相互搭接施工。

根据施工工艺和组织要求,一般来说,本工程的水电部分一般随基础、主体结构的施工同步进行,它在工程进度关系上属于非主导施工过程,所以不将其列入到施工进度中去,而将它随其他工程施工穿插进行;室外工程一般在工程的后期再进行施工,往往工程量不太大,属于零星工作,故仍按水电施工组织方式组织。所以本工程仅考虑基础分部、主体分部、屋面分部、装修分部组织流水施工,具体组织方法如下:

(1)基础工程。基础工程包括基槽挖土、浇筑混凝土垫层、绑扎基础钢筋(含侧模安装)、浇筑基础混凝土、浇素混凝土基础墙基、回填土等施工过程。考虑到基础混凝土垫层劳动量比较小,可与挖土合并为一个施工过程,又考虑到基础混凝土与素混凝土墙基是同一工种,班组施工可合并为一个施工过程。

基础工程经过合并共为四个施工过程（$n=4$），可以组织全等节拍流水，考虑到工作面的因素，将其划分为两个施工段（$m=2$），流水节拍和流水施工工期计算如下：

基槽挖土和垫层的劳动量之和为 216 工日，安排 27 人组成施工班组，采用一班作业，根据工艺要求垫层施工完后需要养护一天，则流水节拍为：

$$K_{基、垫} = Q_{基、垫}/（每班劳动量 \times 施工段数）= \frac{200+16}{27 \times 2} = 4（天）$$

基础绑扎钢筋（含侧模安装）为 48 工日，安排 6 人组成施工班组，采用一班作业，则流水节拍为：

$$K_{扎筋} = Q_{扎筋}/（每班劳动量 \times 施工段数）= \frac{48}{6 \times 2} = 4（天）$$

基础混凝土和素混凝土墙基劳动量共为 160 工日，施工班组人数为 20 人，采用一班制，基础混凝土完成后需要养护一天，则流水节拍为：

$$K_{混凝土} = Q_{混凝土}/（每班劳动量 \times 施工段数）= \frac{160}{20 \times 2} = 4（天）$$

基础回填其劳动量为 64 工日，施工班组人数为 8 人，采用一班制，混凝土墙基完成后间歇一天回填，则流水节拍为：

$$K_{基础回填} = Q_{基础回填}/（每班劳动量 \times 施工段数）= \frac{64}{8 \times 2} = 4（天）$$

（2）主体工程。主体工程包括脚手架、立柱筋、柱梁模板（含梯）支模、浇筑混凝土、安装梁板筋（含梯）、浇梁板混凝土（含梯）、拆模、砌墙（含门窗框）等分项过程。脚手架工程可穿插进行。由于每个施工过程的劳动量相差较大，不利于按等节奏方式组织施工，故采取异节奏流水施工方式。

由于基础工程采取两个施工段组织施工，所以主体结构每层也考虑按两个施工段组织施工。即 $n=7, m=2, m<n$，根据流水施工原理，我们可以发现：按此方式组织施工，工作面连续，专业工作队有窝工现象。但本工程只要求模板专业工作队施工连续，就能保证工程能够顺利进行，其余的班组人员可根据现场情况统一调配。

根据上述条件和施工工艺的要求，在组织流水施工时，为加快施工进度，我们既考虑工艺要求，也适当采用搭接的施工方式，所以本分部工程施工的流水节拍按如下方式确定。

绑扎柱钢筋的劳动量为 80 工日，施工班组人数 10 人，采用一班制，则流水节拍为：

$$K_{扎柱筋} = Q_{扎柱筋}/（每班劳动量 \times 施工段数）= \frac{80}{10 \times 2 \times 4} = 1（天）$$

安装柱、梁、板模板（含楼梯模板）的劳动量为 960 工日，施工班组人数 20 人，采用一班制，则流水节拍为：

$$K_{支模} = Q_{支模}/（每班劳动量 \times 施工段数）= \frac{960}{20 \times 2 \times 4} = 6（天）$$

浇筑混凝土的劳动量为 320 工日，施工班组人数 20 人，采用两班制，其流水节拍计算如下：

$$K_{浇筑混} = Q_{浇筑混} / (每班劳动量 \times 施工段数 \times 班次) = \frac{320}{20 \times 2 \times 4 \times 2} = 1(天)$$

绑扎梁、板钢筋(含楼梯钢筋)的劳动量为 320 工日,施工班组人数 20,采用一班制,其流水节拍计算如下:

$$K_{梁、板钢筋} = Q_{梁、板钢筋} / (每班劳动量 \times 施工段数) = \frac{320}{20 \times 2 \times 4} = 2(天)$$

浇梁、板混凝土(含楼梯混凝土)的劳动量为 720 工日,施工班组人数 30 人,采用三班制,其流水节拍计算如下:

$$K_{浇梁、板混凝土} = Q_{浇梁、板混凝土} / (每班劳动量 \times 施工段数 \times 班次) = \frac{720}{20 \times 2 \times 4 \times 3} = 1(天)$$

拆除柱、梁、板模板(含楼梯模板)的劳动量为 160 工日,施工班组人数 10 人,采用一班制,其流水节拍计算如下:

$$K_{拆柱、梁、板模} = Q_{拆柱、梁、板模} / (每班劳动量 \times 施工段数) = \frac{160}{10 \times 2 \times 4} = 2(天)$$

砌空心砖墙的劳动量为 720 工日,施工班组人数 30 人,采用一班制,其流水节拍计算如下:

$$K_{砌砖墙} = Q_{砌砖墙} / (每班劳动量 \times 施工段数) = \frac{720}{30 \times 2 \times 4} = 3(天)$$

(3)屋面工程。屋面工程包括屋面防水层和隔热层,考虑屋面防水要求高,所以防水层和隔热层不分段施工,即各自组织一个班组独立完成该项任务。

防水层劳动量为 56 工日,施工班组人数为 8 人,采用一班制,其施工延续时间为:

$$K_{防水层} = Q_{防水层} / (每班劳动量 \times 施工段数) = \frac{56}{8 \times 1} = 7(天)$$

屋面隔热层劳动量为 36 工日,施工班组人数为 18 人,采用一班制,其施工延续时间为:

$$K_{隔热层} = Q_{隔热层} / (每班劳动量 \times 施工段数) = \frac{36}{18 \times 1} = 2(天)$$

(4)装饰工程。装饰工程包括:楼地面及楼梯地面,铝合金窗、胶合板门,外墙用白色外墙砖贴面,天棚墙面为中级抹灰,外加 106 涂料和油漆等;由于装饰阶段施工过程多,工程量相差较大,组织等节拍流水比较困难,而且不经济,因此可以考虑采用异节拍流水或非节奏流水方式。从工程量中发现,工程泥瓦工的工程量较多,而且比较集中,因此可以考虑组织连续式的异节拍流水施工。

楼地面及楼梯地面抹灰合为一个施工过程、天棚墙面中级抹灰合为一个施工过程、铝合金窗为一个施工过程、胶合板门为一个施工过程、天棚墙面 106 涂料为一个施工过程、油漆为一个施工过程、外墙面砖为一个施工过程,共分七个施工过程,组织七个独立的施工班组进行施工。根据工艺和现场组织要求,可以考虑先进行 1～6 项组织流水施工方式,第七项穿插进行。由于本装饰工程共分四层,则施工段数可取四段,各施工过程的班组人数,工作班制及流水节拍依次如下:

楼地面及楼梯地面抹灰的劳动量为 480 工日,安排 30 人为一施工班组,采用一班作业,每班劳动量为 30 工日,则流水节拍为:

$$K_{地面} = Q_{地面}/(每班劳动量 \times 施工段数) = \frac{480}{30 \times 4} = 4(天)$$

天棚墙面中级抹灰的劳动量为 640 工日,安排 40 人为一施工班组,采用一班作业,每班劳动量为 40 工日,则流水节拍为:

$$K_{抹灰} = Q_{抹灰}/(每班劳动量 \times 施工段数) = \frac{640}{40 \times 4} = 4(天)$$

铝合金窗的劳动量为 80 工日,安排 10 人为一施工班组,采用一班作业,每班劳动量为 10 工日,则流水节拍为:

$$K_{铝合金窗} = Q_{铝合金窗}/(每班劳动量 \times 施工段数) = \frac{80}{10 \times 4} = 2(天)$$

胶合板门的劳动量为 48 工日,安排 6 人为一施工班组,采用一班作业,每班劳动量为 6 工日,则流水节拍为:

$$K_{胶合板门} = Q_{胶合板门}/(每班劳动量 \times 施工段数) = \frac{48}{6 \times 4} = 2(天)$$

天棚墙面 106 涂料的劳动量为 46 工日,安排 6 人为一施工班组,采用一班作业,每班劳动量为 6 工日,则流水节拍为:

$$K_{涂料} = Q_{涂料}/(每班劳动量 \times 施工段数) = \frac{46}{6 \times 4} \approx 2(天)$$

油漆的劳动量为 45 工日,安排 6 人为一施工班组,采用一班作业,每班劳动量为 6 工日,则流水节拍为:

$$K_{油漆} = Q_{油漆}/(每班劳动量 \times 施工段数) = \frac{45}{6 \times 4} \approx 2(天)$$

外墙面砖的劳动量为 450 工日,安排 30 人为一施工班组,采用一班作业,每班劳动量为 30 工日,该施工过程自上而下不分层连续进行施工,则持续时间为:

$$K_{外墙砖} = Q_{油漆}/每班劳动量 = \frac{450}{30 \times 1} = 15(天)$$

流水施工进度计划表如下图 3-1 所示。

从图中可以看出整个计划的工期为 110 天,满足合同规定的要求。若整个工程按既定的计划不能满足合同规定的工期要求,我们可以通过调整每班的作业人数、工作班次或工艺关系来满足合同规定的要求。

[设计二]　某五层教学楼,框架结构,建筑面积 2 500 m²,平面形状一字形,钢筋混凝土条形基础。主体为现浇框架结构,围护墙为空心砖砌筑。室内底层地面为缸砖,标准层地面为水泥砂,内墙、天棚为中级抹灰,面层为 106 涂料,外墙镶贴面砖。屋面用柔性防水。本工程的基础、主体均分为三段施工,屋面不分段,内装修每层为一段,外装修自上而下一次完成。其劳动量见表 3-2,该工程的网络计划如图 3-2 所示。

序号	分项名称	劳动量（工日）	人数	班制	天数
	基础工程				
1	基础挖土、砼垫层	216	27	1	4
2	基础扎筋	48	6	1	4
3	基础混凝土（含墙基）	160	20	1	4
4	回填土	64	8	1	4
	主体工程				
5	绑扎柱筋	80	10	1	1
6	模板安装（柱、梁、板）	960	20	1	6
7	柱砼浇筑	320	20	2	1
8	绑扎梁、板筋	320	20	1	2
9	梁板砼浇筑（含楼梯）	720	30	1	1
10	拆柱梁板模板（含梯）	160	10	1	2
11	砌筑砖墙	720	30	1	3
	屋面工程				
12	屋面防水层	56	8	1	7
13	屋面隔热层	36	18	1	2
	装修工程				
14	楼地面及楼梯抹灰	480	30	1	4
15	天棚中级抹灰	640	40	1	4
16	铝合金窗	80	10	1	2
17	胶合板门	48	6	1	2
18	天棚墙面106涂料	46	6	1	2
19	油漆	45	6	1	2
20	外墙面砖	450	30	1	15

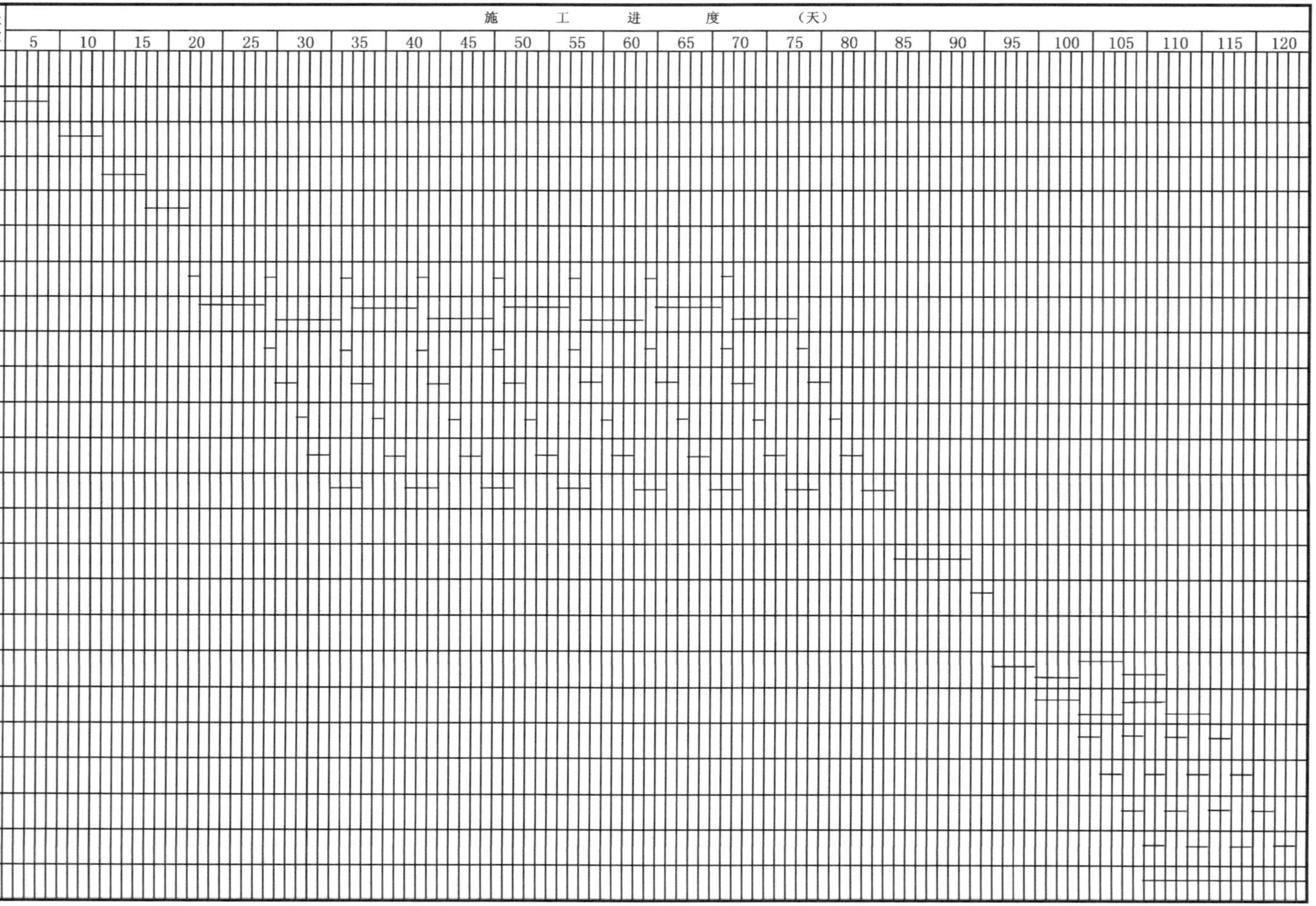

施工进度（天）：5 10 15 20 25 30 35 40 45 50 55 60 65 70 75 80 85 90 95 100 105 110 115 120

图 3-1 某四层框架结构教学楼流水施工进度计划（天）

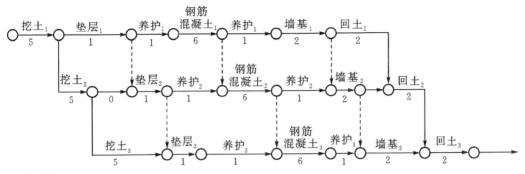

一层主体

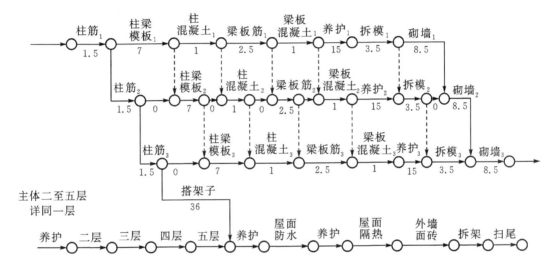

主体二至五层
详同一层

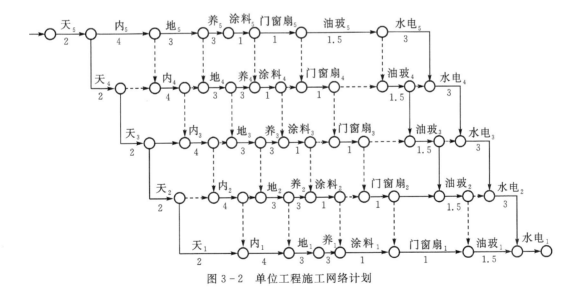

图 3-2　单位工程施工网络计划

表 3－2　劳动量一览表

序号	分部分项名称	劳动量		工作持续天数	每天工作班数	每班工人数
		单位	数量			
一	基础工程					
1	基础挖土	工日	300	15	1	20
2	基础垫层	工日	45	3	1	15
3	基础现浇混凝土	工日	567	18	1	30
4	基础墙（素混凝土）	工日	90	6	1	15
5	基础及地坪回填土	工日	120	6	1	20
二	主体工程（五层）					
1	柱筋	工日	178	4.5×5	1	8
2	柱、梁、板模板（含梯）	工日	2 085	21×5	1	20
3	柱混凝土	工日	445	3×5	1.5	20
4	梁板筋（含梯）	工日	450	7.5×5	1	12
5	梁板混凝土（含梯）	工日	1 125	3×5	3	20
6	砌墙	工日	2 596	25.5×5	1	20
7	拆模	工日	671	10.5×5	1	12
8	搭架子	工日	360	36	1	10
三	屋面工程					
1	屋面防水	工日	105	7	1	15
2	屋面隔热	工日	240	12	1	20
四	装饰工程					
1	外墙面砖	工日	450	15	1	30
2	安装门窗扇	工日	60	5	1	12
3	天棚粉刷	工日	300	10	1	30
4	内墙粉刷	工日	600	20	2	30
5	楼地面、楼梯、扶手粉刷	工日	450	15	1	30
6	106 涂料	工日	50	5	1	10
7	油玻	工日	75	7.5	1	10
8	水电安装	工日	150	15	1	10
9	拆脚手架、拆井架	工日	20	2	1	10
	扫尾	工日	24	4	1	6

任务一　编制建设工程项目进度计划

 工作步骤

> 步骤一　建筑工程项目施工总进度计划的编制
> 步骤二　建筑单位工程施工进度计划的编制

知识链接

施工项目进度控制是施工项目建设中与质量控制、成本控制并列的三大控制目标之一,是保证施工项目按期完成,合理安排资源供应,确保施工质量、施工安全、降低施工成本的重要措施,是衡量施工项目管理水平的重要标志。

建设工程项目施工进度计划是进度控制的依据。因此,需要编制两种施工进度计划:施工总进度计划和单位工程施工进度计划。

一、建筑工程项目进度管理概述

(一)进度与进度管理的概念

1.进度概念

进度通常是指工程项目实施结果的进展状况。工程项目进度是一个综合的概念,除工期以外,还包括工程量、资源消耗等。对进度的影响因素也是多方面的、综合性的。因而,进度管理的手段及方法也应该是多方面的。

2.进度指标

按照一般的理解,工程进度既然是项目实施结果的进展状况,就应该以项目任务的完成情况作为指标。但由于通常工程项目对象系统是复杂的,常常很难选定一个恰当的、统一的指标来全面反映工程的进度。例如,对于一个小型的房屋建筑单位工程,它包括地基与基础、主体结构、建筑装饰、建筑屋面、建筑给水和排水及采暖等多个分部工程组成,而不同的工程活动的工程数量单位是不同的,很难用工程完成的数量来描述单位工程、分部工程的进度。

在现代工程项目管理中,人们赋予进度以结合性的含义,将工程项目任务、工期、成本有机地结合起来,由于每种工程项目实施过程中都要消耗时间、劳动力、材料、成本等才能完成任务,而这些消耗指标是对所有工作都适用的消耗指标,因此,有必要形成一个综合性的指标体系,才能全面反映项目的实施进展状况。综合性进度指标将使各个工程活动、分部和分项工程直至整个项目的进度描述更加准确、方便。目前应用较多的是以下四种指标:

(1)持续时间。项目与工程活动的持续时间是进度的重要指标之一。人们常用实际工期与计划工期相比较来说明进度完成情况。例如,某工作计划工期30天,该工作已进行15天,则工期已完成50%。此时能说施工进度已达50%吗?恐怕不能。因为工期与人们通常概念上的进度是不同的。对于一般工程来说,工程量等于工期与施工效率(速度)的乘积,而工作速度在施工过程中是变化的,受很多因素的影响,如管理水平、环境变化等,又如工程受质量事故影响,时间过了一半,而工程量只完成了三分之一。一般情况下,实际工程中工作效率与时间的关系如图 3-3 所示:开始阶段施工效率低(投入资源少、工作配合不熟练);中期效率最高(投入资源多,工作配合协调);后期速度慢(工作面小,资源投入少),并且工程进展过程中会有各种外界的干扰或者不可预见因素造成的停工,施工的实际效果与计划效率常常是不相同的。在此时如果用工期的消耗来表示进度,往往会产生误导。只有在施工效率与计划效率完全相同时,工

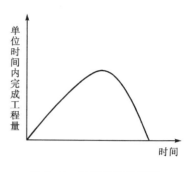

图 3-3 时间效率关系图

期消耗才能真正代表进度。通常使用这一指标与完成的实物量、已完工程价值量或者资源消耗等指标结合起来对项目进展状况进行分析。

(2)完成的实物量。用完成的实物量表示进度。例如,设计工作按完成的资料量,混凝土工程按完成的体积计量,设备安装工程按完成的吨位计量,管线、道路工程用长度计量等。

这个指标的主要优点是直观、简单明确、容易理解,适用于描述单一任务的专项工程,如道路、土方工程等。例如,某公路工程总工程量是 5 000 米,已完成 500 米则进度已达 10%。但该指标统一性较差,不适合用来描述综合性、复杂工程的进度,如分部工程、分项工程进度。

(3)已完工程的价值量。已完工程的价值量是指已完成的工作量与相应合同价格或预算价格的乘积。它将各种不同性质的工程量从价值形态上统一起来,可方便地将不同分项工程统一起来,能够较好地反映由多种不同性质工作所组成的复杂、综合性工程的进度状况。例如,人们经常说某工程已完成合同金额的 80% 等,均是用已完工程的价值来描述进度状况,是人们很喜欢用的进度指标之一。

(4)资源消耗指标。常见的资源消耗指标有工时、机械台班、成本等。这一指标具有有统一性和较好的可比性。各种项目均可用它们作为衡量进度的指标,以便于统一分析尺度。

实际应用中,常常将资源消耗指标与工期(持续时间)指标结合在一起使用,以此来对工程进展状况进行全面的分析。例如,将工期与成本指标结合起来分析进度是否实质性拖延及成本超支。在实际工程中使用资源消耗指标来表示工程进度应注意以下问题:

①投入资源数量与进度背离时会产生错误的结论。例如,某项活动计划需要 60 工时,现已用 30 工时,则工时消耗已达 50%,如果计划劳动效率与实际劳动效率完全相同,则进度已达 50%,如果计划劳动效率与实际劳动效率不相同时,用工时消耗来表示进度就会产生误导。

②实际工程中,计划工程量与实际工程量常会不同,例如,某工作计划工时为 60 工时,而实际实施过程中,由于实际施工条件变化,施工难度增加,应该需要 80 工时,现已用 20 工时,进度达到 30%,而实际上只完成了 25%,因此,正确结果只能在计划正确并按预定的效率施工时才能得到。

③用成本反映进度时,以下成本不计入:返工、窝工、停工增加的成本,材料及劳动力价格变动造成的成本变动。

3. 进度管理

工程项目的进度管理是指根据进度目标的要求,对工程项目各阶段的工作内容、工作程序、持续时间和衔接关系编制计划,将该计划付诸实施,在实施的过程中经常检查实际进度是

否按计划要求进行,对出现的偏差分析原因,采取补救措施或调整、修改原计划直至工程竣工,交付使用。进度管理的最终目的是确保项目工期目标的实现。

工程项目进度管理是建设工程项目管理的一项核心管理职能。由于建设项目是在开放的环境中进行的,置身于特殊的法律环境之下,且生产过程中人员、工具与设备的流动性,产品的单件性等都决定了进度管理的复杂性及动态性,必须加强项目实施过程中的跟踪控制。进度控制与质量控制、投资控制是工程项目建设中并列的三大目标之一。它们之间有着密切的相互依赖和制约关系:通常,进度加快,需要增加投资,但工程能提前使用就可以提高投资效益;进度加快有可能影响工程质量,而质量控制严格则有可能影响进度,但如因质量的严格控制而不致返工,又会加快进度。因此,项目管理者在实施进度管理工作中要对三个目标全面系统地加以考虑,正确处理好进度、质量和投资的关系,提高工程建设的综合效益。特别是对一些投资较大的工程,在采取进度控制措施的时候要特别注意其对成本和质量的影响。

(二)建筑工程项目进度管理的目的和任务

进度管理的目的是通过控制以实现工程的进度目标。通过进度计划控制,可以有效地保证进度计划的落实与执行,减少各单位和部门之间的相互干扰,确保施工项目工期目标以及质量、成本目标的实现,同时也为可能出现的施工索赔提供依据。

施工项目进度管理是项目施工中的重点控制之一,它是保证施工项目按期完成,合理安排资源供应、节约工程成本的重要措施。建筑工程项目不同的参与方都有各自的进度控制的任务,但都应该围绕着投资者早日发挥投资效益的总目标去展开。工程项目不同参与方的进度管理任务见表3-3。

表3-3　工程项目参与方的进度管理任务

参与方名称	任　　务	进度涉及时段
业主	控制整个项目实施阶段的进度	设计准备阶段、设计阶段、施工阶段、物资采购阶段、动用前准备阶段
设计方	根据设计任务委托合同控制设计进度,并能满足施工、招投标、物资采购进度协调	设计阶段
施工方	根据施工任务委托合同控制施工进度	施工阶段
供货方	根据供货合同控制供货进度	物资采购阶段

(三)建筑工程项目进度管理的方法和措施

项目进度管理方法主要是规划、控制和协调。规划是指确定施工项目总进度控制目标和分进度控制目标,并编制其进度计划。控制是指在施工项目实施的全过程中,比较施工实际进度与施工计划进度,出现偏差及时采取措施调整。协调是指协调与施工进度有关的单位、部门和工作队组之间的进度关系。

建筑工程项目进度管理采取的主要措施有组织措施、技术措施、合同措施和经济措施。

1.组织措施

组织措施主要包括:建立施工项目进度实施和控制的组织系统;订立进度控制工作制度;检查时间、方法,召开协调会议时间、人员等;落实各层次进度控制人员、具体任务和工作职责;

确定施工项目进度目标,建立施工项目进度控制目标体系。

2. 技术措施

采取技术措施指尽可能采用先进施工技术、方法和新材料、新工艺、新技术,保证进度目标实现。在落实施工方案发生问题时,能适时调整工作之间的逻辑关系,应加快施工进度。

3. 合同措施

采取合同措施指以合同形式保证工期进度的实现,即保持总进度控制目标与合同总工期相一致,分包合同的工期与总包合同的工期相一致,供货、供电、运输、构件加工等合同规定提供服务的时间与有关的进度控制目标一致。

4. 经济措施

采取经济措施指落实实现进度目标的保证资金,签订并实施关于工期和进度的经济承包责任制,建立并实施关于工期和进度的奖惩制度。

(四)建筑工程项目进度管理的基本原理

1. 动态控制原理

工程进度控制是一个不断变化的动态过程,在项目开始阶段,实际进度按照计划进度的规划进行,但由于外界因素的影响,实际进度的执行往往会与计划进度出现偏差,出现超前或滞后的现象。这时通过分析偏差产生的原因,采取相应的改进措施,调整原来的计划,使二者在新的起点上重合,并通过发挥组织管理作用,使实际进度继续按照计划进行。在一段时间后,实际进度和计划进度又会出现新的偏差。如此,工程进度控制出现了一个动态的调整过程。

2. 系统原理

工程项目是一个大系统,其进度控制也是一个大系统,进度控制中计划进度的编制受到许多因素的影响,不能只考虑某一个因素或几个因素。进度控制组织和进度实施组织也具有系统性,因此,工程进度控制具有系统性,应该综合考虑各种因素的影响。

3. 信息反馈原理

信息反馈是工程进度控制的重要环节,施工的实际进度通过信息反馈给基层进度控制工作人员,在分工的职责范围内,信息经过加工逐级反馈给上级主管部门,最后到达主控制室,主控制室整理统计各方面的信息,经过比较分析作出决策,调整进度计划。进度控制不断调整的过程实际上就是信息不断反馈的过程。

4. 弹性原理

工程进度计划工期长、影响因素多,因此进度计划的编制应当留出余地,使计划进度具有弹性。进行进度控制时就应利用这些弹性,缩短有关工作的时间,或改变工作之间的搭接关系,使计划进度和实际进度达到吻合。

5. 封闭循环原理

项目进度控制的全过程是一个计划、实施、检查、比较分析、确定调整措施、再计划的封闭循环过程。

6. 网络计划技术原理

网络计划技术原理是工程进度控制的计划管理和分析计算的理论基础。在进度控制中要利用网络计划技术原理编制进度计划,根据实际进度信息,比较和分析进度计划,又要利用网络计划的工期优化、工期与成本优化和资源优化的理论调整计划。

(五)建筑工程项目进度管理的内容

1.项目进度计划

工程项目进度计划包括项目的前期设计、施工和使用前的准备等几个阶段的内容,项目进度计划的主要内容就是要制订各级项目进度计划,包括进行总控制的项目总进度计划、进行中间控制的项目分阶段进度计划和进行详细控制的各子项目进度计划,并对这些进度计划进行优化,以达到对这些项目进度计划的有效控制。

2.项目进度实施

工程项目进度实施就是在资金、技术、合同、管理信息等方面进度保证措施落实的前提下,使项目进度按照计划实施。由于施工过程中存在各种干扰因素,将使项目进度的实施结果偏离进度计划,项目进度实施的任务就是预测这些干扰因素,对其风险程度进行分析,并采取预控措施,以保证实际进度与计划进度的吻合。

3.项目进度检查

工程项目进度检查的目的就是要了解和掌握建筑工程项目进度计划在实施过程中的变化趋势和偏差程度。其主要内容有跟踪检查、数据采集和偏差分析。

4.项目进度调整

工程项目的进度调整是整个项目进度控制中最困难、最关键的内容。其包括以下几方面的内容:

(1)偏差分析。主要是分析影响进度的各种因素和产生偏差的前因后果。

(2)动态调整。主要是寻求进度调整的约束条件和可行方案。

(3)优化控制。调控的目标是使进度、费用变化最小,能达到或接近进度计划的优化控制目标。

(六)建筑工程项目进度管理目标的制定

进度管理目标的制定应在项目分解的基础上确定。其包括项目进度总目标和分阶段目标,也可根据需要确定年、季、月、旬(周)目标和里程碑事件目标等。里程碑事件目标是指关键工作的开始时刻或完成时刻。

在确定施工进度管理目标时,必须全面细致地分析与建设工程进度有关的各种有利因素和不利因素。只有这样才能制定出一个科学、合理的进度管理目标。确定施工进度管理目标的主要依据有:建设工程总进度目标对施工工期的要求;工期定额、类似工程项目的实际进度;工程难易程度和工程条件的情况等。

在确定施工进度分解目标时,还要考虑以下几个方面:

(1)对于大型建筑工程项目,应根据尽早提供可动用单元的原则,集中力量分期分批建设,以便尽早投入使用,尽快发挥投资效益。这时,为保证每一动用单元能形成完整的生产能力,就要考虑这些动用单元交付使用时所必需的全部配套项目。因此,要处理好前期动用和后期建设的关系、每期工程中主体工程与辅助及附属工程之间的关系等。

(2)结合本工程的特点,参考同类建设工程的经验来确定施工进度目标,避免只按主观愿望盲目确定进度目标,从而在实施过程中造成进度失控。

(3)合理安排土建与设备的综合施工。按照它们各自的特点,合理安排土建施工与设备基础、设备安装的先后顺序及搭接、交叉或平行作业,明确设备工程对土建工程的要求和土建工程为设备工程提供施工条件的内容及时间。

（4）做好资金供应能力、施工力量配备、物资（材料、构配件、设备）供应能力与施工进度的平衡工作，确保工程进度目标的要求，从而避免其落空。

（5）考虑外部协作条件的配合情况。主要包括施工过程中及项目竣工动用所需的水、电、气、通信、道路及其他社会服务项目的满足程度和满足时间。它们必须与有关项目的进度目标相协调。

（6）考虑工程项目所在地区地形、地质、水文、气象等方面的限制条件。

二、建筑工程项目进度计划的编制

（一）建筑工程项目施工组织形式及其特点（流水施工方法的形式与特点）

1. 流水施工的组织方式与特点

流水施工是建筑工程中最为常见的施工组织形式，并能有效地控制工程进度。

（1）流水施工的组织方式。

①将拟建施工项目中的施工对象分解为若干个施工过程，即划分为若干个工作性质相同的分部、分项工程或工序。

②将施工项目在平面上划分为若干个劳动量大致相等的施工段。

③在竖向上划分成若干个施工层，并按照施工过程成立相应的专业工作队。

④各专业队按照一定的施工顺序依次完成各个施工对象的施工过程，同时保证施工在时间和空间上连续、均衡和有节奏地进行，使相邻两专业队能最大限度地搭接作业。

（2）流水施工的特点。

①尽可能地利用工作面进行施工，工期比较短。

②各工作队实现了专业化施工，有利于提高技术水平和劳动生产率，也有利于提高工程质量。

③专业工作队能够连续施工，同时使相邻专业队的开工时间能够最大限度地搭接。

④单位时间内投入的劳动力、施工机具、材料等资源量较为均衡，有利于资源供应的组织。

⑤为施工现场的文明施工和科学管理创造了有利条件。

2. 流水施工的表达方式及特点

流水施工的表达方式有两种，即横道图和网络图。

（1）横道图的形式和特点。

①横道图有水平指示图表和垂直指示图表两种。水平指示图表中，横坐标表示流水施工的持续时间，纵坐标表示开展流水施工的施工过程、专业工作队的名称、编号和数目，呈梯形分布的水平线表示流水施工的开展情况。垂直指示图表中，横坐标表示流水施工的持续时间，纵坐标表示开展流水施工所划分的施工段编号，n 条斜线段表示各专业工作队或施工过程开展流水施工的情况。

②横道图表示法的优缺点。优点是：表达方式较直观；使用方便，很容易看懂；绘图简单方便，计算工作量小。缺点是：工序之间的逻辑关系不易表达清楚；适用于手工编制，不便于用计算机编制；由于不能进行严格的时间参数计算，故不能确定计划的关键工作、关键线路与时差；级别调整只能采用手工方式，工作量较大；此种计划难以适应大进度计划系统的需要。

（2）网络图的表达形式和特点。

①网络图的表达方式有单代号网络图和双代号网络图两种。单代号网络图是指组织网络图的各项工作由节点表示，以箭线表示各项工作的相互制约关系。采用这种符号从左向右绘制而成的网络图。双代号网络图是指组成网络图的各项工作由节点表示工作的开始和结束，以箭线表示工作的名称，把工作的名称写在箭线上方，工作的持续时间（小时、天、周）写在箭线下方，箭尾表示工作的开始，箭头表示工作的结束，采用这种符号从左向右绘制而成的网络图。

②网络计划的优缺点（与横道图相比）。优点是：网络计划能明确表达各项工作之间的逻辑关系；通过网络时间参数的计算，可以找出关键线路和关键工作；通过网络时间参数的计算，可以明确各项工作的机动时间；网络计划可以利用电子计算机进行计算、优化和调整。缺点是：计算劳动力、资源消耗量时，与横道图相比较困难；没有横道计划那样直观明了，但可以通过绘制时标网络计划得以弥补。

3. 流水施工的基本组织形式

流水施工按照涨水节拍的特征可分为有节奏流水施工和无节奏流水施工，其中有节奏流水施工又可分为等节奏流水施工与异节奏流水施工。

有节奏流水施工又可分为等节奏流水施工和异节奏流水施工。等节奏流水施工是指在有节奏流水施工中，各施工过程的流水节拍都相等的流水施工。在流水组中，每一个施工过程本身在各施工段中的作业时间（流水节拍）都相等，各个施工过程之间的流水节拍也相等，故等节奏流水施工的流水节拍是一个常数。

异节奏流水施工是指在有节奏流水施工中，各施工过程的流水节拍各自相等而不同施工过程之间的流水节拍不尽相等的流水施工。①在流水组织中，每一个施工过程本身在各施工段上的流水节拍都相等，但是不同施工过程之间的流水节拍不完全相等。②在组织异节奏流水施工时，按每个施工过程流水节拍之间是某个常数的倍数，可组织成倍节拍流水施工。

无节奏流水施工是指在组织流水施工时，全部或部分施工过程在各个施工段上的流水节拍不相等的流水施工。这种施工是流水施工中最常见的一种。其特点是：各施工过程在各施工段上的作业时间（流水节拍）不全相等，且无规律；相邻施工过程流水步距不尽相等；专业工作队数等于施工过程数；各专业工作队能够在施工段上连续作业，但有的施工段之间可能有空闲时间。

4. 流水施工的基本参数

在组织施工项目流水施工时，用以表达流水施工在工艺流程、空间布置和时间安排等方面的状态参数，称为流水施工参数，包括工艺参数、空间参数和时间参数。

（1）工艺参数。工艺参数主要是指在组织施工项目流水施工时，用以表达流水施工在施工工艺方面进展状态的参数。它包括施工过程和流水强度。施工过程指在组织工程流水施工时，根据施工组织及计划安排需要，将计划任务划分成的子项。

①施工过程划分的粗细程度由实际需要而定，可以是单位工程，也可以是分部工程、分项工程或施工工序。

②根据其性质和特点不同，施工过程一般分为三类，即建造类施工过程、运输类施工过程和制备类施工过程。

③由于建造类施工过程占有施工对象的空间，直接影响工期的长短，因此，必须列入施工进度计划，并在其中大多作为主导施工过程或施工过程中的关键工作。

④施工过程的数目一般用 n 表示，它是流水施工的主要参数之一。

流水强度是指某施工过程（专业工作队）在单位时间内所完成的工作量,也称为流水能力或生产能力。流水强度可用下式计算:

$$V_i = \sum R_i S_i$$

式中:V_i——某施工过程（队）的流水强度;

R_i——投入该施工过程中的第 i 中资源量（施工机械台数或工人数）;

S_i——投入该施工过程中的第 i 中资源的产量定额;

$\sum$ ——投入该施工过程中各资源的种类数和。

（2）空间参数。空间参数指在组织施工项目流水施工时,用以表达流水施工在空间布置上开展状态的参数,包括工作面和施工段。

工作面指某专业工种的工人或某种施工机械进行施工的活动空间。工作面的大小,表明能够安排施工人数或机械台数的多少;每个作业的工人或每台施工机械所需工作面的大小,取决于单位时间内其完成的工作量和安全施工的要求;工作面确定的合理与否,直接影响专业工作队的生产效率。

施工段指将施工对象在平面或空间上划分成若干个劳动量大致相等的施工段落,或称做流水段。施工段的数目一般用 m 表示,它是流水施工的主要参数之一。

（3）时间参数。时间参数指在组织施工项目流水施工时,用以表达流水施工在时间安排上所处状态的参数。它包括流水节拍、流水步距、流水施工工期三个指标。

流水节拍指在组织施工项目流水施工时,某个专业工作队在一个施工段上的施工时间。影响流水节拍数值大小的因素主要有:施工项目所采取的施工方案;各施工段投入的劳动力人数或机械台班、工作班次;各施工段工程量的多少。

流水步距指在组织施工项目流水施工时,相邻两个施工过程（或专业工作队）相继开始施工的最小时间间隔。确定流水步距一般满足以下几个基本要求:各施工过程按各自流水速度施工,始终保持工艺先后顺序;各施工过程的专业工作队投入施工后尽可能保持连续作业;相邻两个施工过程（或专业工作队）在满足连续施工的条件下,能最大限度地实现合理搭接。

流水施工工期指从第一各专业工作队投入流水施工开始,到最后一个专业工作队完成流水施工为止的整个持续时间。由于一项建设工程往往包含有许多流水组,故流水施工工期一般均不是整个工程的总工期。

（二）网络计划技术的应用

常用网络计划有双代号网络计划、单代号网络计划、双代号时标网络计划、单代号搭接网络计划四种类型。

1.网络计划的应用程序

网络计划应用程序一般包括四个阶段十个步骤,如表 3-4 所示。具体如下:

（1）计划准备阶段。

①调查研究。调查研究的目的是为了掌握足够充分准确的资料,从而为确定合理的进度目标、编制科学的进度计划提供可靠依据。

调查研究的内容具体包括:工程任务情况、实施条件、设计资料;有关标准、定额、规程、制度;资源需求与供应情况;资金需求与供应情况;有关统计资料、经验、总结及历史资料。

调查研究的方法具体包括:实际观察、测算、询问;会议调查;资料检索;分析预测等。

表 3 - 4　网络计划应用程序表

编制阶段	编制步骤	编制阶段	编制步骤
(1)计划准备阶段	①调查研究	(3)计算时间参数及确定关键线路阶段	⑥计算工作持续时间
	②确定网络计划目标		⑦计算网络计划时间参数
(2)绘制网络图阶段	③进行项目分解		⑧确定关键线路关键工作
	④分析逻辑关系	(4)网络计划优化阶段	⑨优化网络计划
	⑤绘制网络图		⑩编制优化后网络计划

②确定网络计划目标。网络计划的目标由工程项目的总目标所决定,可分为以下三类:

A.时间目标。时间目标也即工期目标,是指建设工程施工合同中规定的工期或有关主管部门要求的工期。工期目标的确定应以建筑安装工程工期定额为依据,同时充分考虑类似工程实际进展情况、气候条件以及工程难易程度和建设条件的落实情况等因素,建设工程施工进度安排,必须以建筑安装工程工期定额为最高时限。

B.时间—资源目标。所谓资源,是指在工程建设过程中所需投入的劳动力、原材料及施工机具等。在一般情况下,时间—资源目标分为两类:资源有限,工期最短,即在一种或几种资源供应能力有限的情况下,寻求工期最短的计划安排;工期固定,资源均衡,即在工期固定的前提下,寻求资源需用量尽可能均衡的计划安排。

C.时间—成本目标。时间—成本目标是指以限定的工期寻求最低成本或寻求最低成本时的工期安排。

(2)绘制网络图阶段。

①进行项目分解。将工程项目由粗到细进行分解,是编制网络计划的前提。如何进行工程项目的分解、工作划分的粗细程度如何,都直接影响到网络图的结构。对于控制性网络计划,其工作划分的应粗一些;而对于实施性网络计划,工作应划分的细一些。工作划分的粗细程度,应根据实际需要来确定。

②分析逻辑关系。分析各项工作之间的逻辑关系时,既要考虑施工程序或工艺技术过程,又要考虑组织安排或资源调配需要。对施工进度计划而言,分析其工作之间的逻辑关系时,应考虑以下问题:施工工艺的要求;施工方法和施工机械的要求;施工组织的要求;施工质量的要求;当地的气候条件;安全技术的要求。分析逻辑关系的主要依据是施工方案、有关资源供应情况和施工经验等。

③绘制网络图。根据已确定的逻辑关系,即可绘制网络图。可绘制单代号网络图,也可以绘制双代号网络图,还可根据需要,绘制双代号时标网络计划。

(4)计算时间参数及确定关键线路阶段。

①计算工作持续时间。工作持续时间是指完成该工作所花费的时间。其计算方法有多种,既可以凭以往的经验进行估算,也可以通过试验推算。当有定额可用时,还可利用时间定额或产量定额,同时考虑工作面及合理的劳动组织进行计算。

②计算网络计划时间参数。网络计划时间参数一般包括:工作最早开始时间、工作最早完成时间、工作最迟开始时间、工作最迟完成时间、工作总时差、工作自由时差、节点最早时间、节

点最迟时间、相邻两项工作之间的时间间隔、计算工期等。应根据网络计划的类型及使用要求选择上述时间参数。网络计划时间参数的计算方法有图上计算法、表上计算法、公式法等。

③确定关键线路和关键工作。在计算网络计划时间参数的基础上,便可根据有关时间参数确定网络计划中的关键线路和关键工作。

(4)网络计划优化阶段。

①优化网络计划。当初始网络计划的工期能满足所要求的工期,资源需求量也能得到满足时,则无需进行网络优化,此时的初始网络计划即可作为正式的网络计划。否则,需要对初始网络计划进行优化。

根据工程项目所追求的目标不同,网络计划的优化包括工期优化、费用优化和资源优化三种。应根据工程的实际需要选择不同的优化方法。

②编制优化后网络计划。根据网络计划的优化结果,便可绘制优化后的网络计划,同时编制网络计划说明书。网络计划说明书的内容包括:编制原则和依据,主要计划指标一览表,执行计划的关键问题,需要解决的主要问题及主要措施,以及其他需要说明的问题。

2.双代号网络计划的时间参数及关键线路

(1)时间参数计算。

①网络计划时间参数的计算方法有公式计算法、表算法、图算法、计算机计算法。图算法简便、明确,可边算边标于图上,此方法深受欢迎,但大型网络计划必须用计算机进行计算。

②计算双代号网络计划时间参数及其步骤如下:工作持续时间→最早开始时间→最早完成时间→计划工期→最迟完成时间→最迟开始时间→总时差→自由时差。

③工作持续时间 D_{i-j} 的计算。计算方法有以下两种:

A.定额计算法,其计算公式为:

$$D_{i-j} = Q_{i-j} / RS$$

式中:D_{i-j}——$i-j$ 工作的持续时间;

Q_{i-j}——$i-j$ 工作的工程量;

R——工作人数;

S——产量定额(劳动定额)。

B.三时估计法,其计算公式为:

$$D_{i-j} = (a + 4c + b)/6$$

式中:a——工作的乐观(最短)时间估计值;

b——工作的悲观(最长)时间估什值;

c——工作的最可能持续时间估计值。

④工作 $i-j$ 最早开始时间 ES_{i-j} 的计算。

A.工作 $i-j$ 最早开始时间 ES_{i-j} 应从网络计划的起点节点开始,顺箭线方向依次逐项计算。

B.以起点节点 i 为箭尾节点的工作作 $i-j$,当未规定其最早开始时间 ES_{i-j} 时,其值应等于零。

C.当工作 $i-j$ 只有一项紧前工作 $h-i$ 时,最早开始时间 ES_{i-j} 为

$$ES_{i-j} = ES_{h-i} + D_{h-i}$$

D.工作 $i-j$ 有多个紧前工作时,其最早开始时间 ES_{i-j} 为

$$ES_{i\text{-}j} = \max\{ES_{h\text{-}i} + D_{h\text{-}i}\}$$

式中:$ES_{h\text{-}i}$——工作 $i\text{-}j$ 的紧前工作 $h\text{-}i$ 的最早开始时间;

$D_{h\text{-}i}$——工作 $i\text{-}j$ 的紧前工作 $h\text{-}i$ 的持续时间。

⑤工作 $i\text{-}j$ 最早完成时间 $EF_{i\text{-}j}$ 的计算。工作最早完成时间是指各紧前工作完成后,本工作有可能完成的最早时刻。按下式计算

$$EF_{i\text{-}j} = ES_{i\text{-}j} + D_{i\text{-}j}$$

⑥网络计划工期 T_p 的计算。网络计划的计划工期 T_c 是指根据时间参数计算得到的工期。按下式计算

$$T_c = \max\{EF_{i\text{-}n}\}$$

式中:$EF_{i\text{-}n}$——以终点节点 $(j=n)$ 为箭头节点的工作 $i\text{-}n$ 的最早完成时间。

网络计划工期 T_p 是指按要求工期和计算工期确定的作为实施目标的工期。当规定了要求工期 T_r 时,$T_p \leqslant T_r$;当末规定要求工期 T_r 时,$T_p = T_c$。

⑦工作 $i\text{-}j$ 最迟完成时间 $EF_{i\text{-}j}$ 的计算。工作最迟完成时间指在不影响整个任务按期完成的前提下,工作必须完成的最迟时刻。工作最迟完成时间应从网络计划的终点节点开始,逆着箭线方向依次逐项计算;终点节点 $(j=n)$ 为箭头节点的工作的最迟完成时间 $LF_{i\text{-}n}$,应按网络计划的计划工期 T_p 确定。即

$$LF_{i\text{-}n} = T_p$$

其他工作 $i\text{-}j$ 最迟完成时间 $LF_{i\text{-}j}$ 应按下式计算

$$LF_{i\text{-}j} = \min\{LF_{j\text{-}k} - D_{j\text{-}k}\}$$

⑧工作 $i\text{-}j$ 最迟开始时间 $LS_{i\text{-}j}$ 的计算。工作的最迟开始时间是指在不影响整个任务按期完成的前提下,工作必须开拍的最迟时刻。工作 $i\text{-}j$ 最迟开始时间 $LS_{i\text{-}j}$ 的应按下式计算:

$$LS_{i\text{-}j} = LF_{i\text{-}j} - D_{i\text{-}j}$$

⑨工作 $i\text{-}j$ 总时差 $TF_{i\text{-}j}$ 的计算。工作总时差指在不影响总工期的前提下,某项工作所具有的可利用的机动时间。按下式计算

$$TF_{i\text{-}j} = LS_{i\text{-}j} - ES_{i\text{-}j}$$

或

$$TF_{i\text{-}j} = LF_{i\text{-}j} - EF_{i\text{-}j}$$

⑩工作 $i\text{-}j$ 自由时差 $FF_{i\text{-}j}$ 的计算。工作自由时差是指在不影响其紧后工作最早开始的前提下,某项工作所具有的机动时间。自由时差的计算应符合以下规定:

当工作 $i\text{-}j$ 有紧后工作 $j\text{-}k$ 时,其自由时差应为

$$FF_{i\text{-}j} = ES_{j\text{-}K} - ES_{i\text{-}j} - D_{i\text{-}j}$$

终点节点 $(j\text{-}n)$ 为箭头节点的工作,其自由时差应按网络计划的计划工期 T_p 确定,即:

$$FF_{i\text{-}j} = T_p - ES_{i\text{-}n} - D_{i\text{-}n}$$

(2)关键线路的确定。关键线路是自始至终全部由关键工作组成的线路,或线路上总的工作持续时间最长的线路。

①关键线路确定的方法。将关键工作自左而右依次首尾连接而成的线路就是关键线路。关键工作是网络计划中总时差最小的工作。当计划工期与计算工期相等时,这个"最小值"为零;当计划工期大于计算工期时,这个"最小值"为正;当计划工期小于计算工期时,这个"最小值"为负。

②关键线路在网络图中不止一条,可能同时存在几条。

③关键线路并不是一成不变的,在一定条件下,关键线路和非关键线路可以相互转换。

3.单代号网络计划的时间参数及关键线路

单代号网络计划的时间参数和双代号网络计划的时间参数基本相同。其计算顺序也基本相同,只是在自由时差计算之前要计算时间间隔 LAG_{i-j}。相邻两项工作之间的时间间隔是指其紧后工作的最早开始时间与本工作最早完成时间的差值,即

$$LAG_{i-j} = ES_{i-j} - EF_{i-j}$$

若某项工作有多项紧后工作时,则其自由时差要取其与紧后工作时间间隔的最小值,即

$$FF_{i-j} = \min\{ LAG_{i-j} \}$$

关键线路可以通过以下两种方法确定:①利用关键工作确定关键线路。将所有关键工作相连,并保证相邻两项关键工作之间的时间间隔为零而构成的线路,即为关键线路。②利用相邻两项工作之间的时间间隔确定关键线路。从网络计划的终点节点开始逆着箭线方向依次找出相邻两项工作之间时间间隔为零的线路,即为关键线路。

4.双代号时标网络计划

(1)时标网络计划的特点:时间参数一目了然。由于箭线的长短受时标的制约,故绘图比较麻烦,修改网络计划的工作持续时间时,必须重新绘图。绘图时可以不进行计算。只有在图上没有直接表示出来的时间参数,如总时差、最迟开始时间和最迟完成时间,才需要进行计算。所以,使用时标网络计划可以大大节省计算时间。可以直接在时标网络图上进行资源优化和调整,并可在时标网络计划图上使用"实际进度前锋线"进行网络计划管理。时标网络计划适用于作业计划或短期计划的编制和使用。

(2)时标网络计划的基本特点:实际工作以实箭线表示,虚工作以虚箭线表示,自由时差以波形线表示;当实箭线之后有波形线且其末端有垂直部分时,其垂直部分用实箭线绘制;当虚箭线有时差时且其末端有垂直部分时,其垂直部分用虚箭线绘制。

(3)双代号时标网络图的绘制要求。时间长度是以所有符号在时标表上的水平位置及其水平投影长度表示的,是与其所代表的时间值相对应;节点的中心必须对准时标的刻度线;虚工作必须以垂直虚线表示,有时差时加波形线表示;时标网络计划宜按最早时间编制,不宜按最迟时间编制。时标网络计划编制前,必须先绘制无时标网络计划;绘制时标网络计划图可以在以下两种方法中任选一种:先计算无时标网络计划的时间参数,再将计划在时标表上进行绘制;不计算时间参数,直接根据无时标网络计划在时标表上进行绘制。

(4)双代号时标网络计划关键线路的确定。自终点节点至起点节点逆箭线方向朝起点节点观察,自始至终不出现波形线的线路,即为关键线路。

5.搭接网络计划

(1)搭接网络计划的特点。搭接网络计划的计算图形与单代号网络计划的计算图形相比,搭接网络计划必须有虚拟的起点节点和虚拟的终点节点。此外,搭接网络计划的计算与单代号网络计划的计算相比,两者的差别有以下几点:

①搭接网络计划的计算要考虑搭接关系。

②处理在计算最早开始时间的过程中出现负值的情况(将该节点与虚拟起点节点相连,令 $FTS_{i,j}=0$,并将负值升值为零)。

③处理在计算最迟完成时间的过程中出现最迟完成时间大于计算工期的情况(将此节点与虚拟终点节点相连,令 $FTS_{i,j}=0$,将此值降值为计算工期)。

④计算间隔时间要考虑时距并在多个结果中取小值。

（2）搭接网络计划的计算。

①用搭接网络计划的时距计算时间参数使用的公式：

A. 当有 $STS_{i,j}$ 时距时，且 $ES_j=ES_i+STS_{i,j}$，$LS_i=LS_j-STS_{i,j}$。

B. 当有 $FTF_{i,j}$ 时距时，$EF_j=EF_i+FTF_{i,j}$，$LF_i=LF_j-FTF_{i,j}$。

C. 当有 $STF_{i,j}$ 时距时，$EF_j=ES_i+STF_{i,j}$，$LS_i=LF_j-STF_{i,j}$。

D. 当有 $FTS_{i,j}$ 时距时，$ES_j=EF_i+FTS_{i,j}$，$LF_i=LS_j-FTS_{i,j}$。

②计算间隔时间的公式：

$$LAG_{i,j}=\min\begin{cases}ES_j=ES_i-STS_{i,j}\\EF_j=EF_i-FTF_{i,j}\\EF_j=ES_i-STF_{i,j}\\ES_j=EF_i-FTS_{i,j}\end{cases}$$

（3）关键线路的确定。单代号搭接网络计划的关键线路是：从搭接见网络计划的终点节点开始，逆着箭线方向依次找出相邻两项工作之间时间间隔为零部件的路就是关键线路。

任务二　建筑工程项目进度计划实施

 工作步骤

> 步骤一　项目进度计划执行准备
> 步骤二　签发施工任务书
> 步骤三　做好施工进度记录
> 步骤四　做好施工中的调度工作

 知识链接

项目进度计划的实施就是用项目进度计划指导施工活动、落实和完成计划。项目进度计划逐步实施的进程就是项目逐步完成的过程。步骤如下：

1. 项目进度计划执行准备

要保证项目进度计划的落实，必须首先做好准备工作，估计和预测执行中可能出现的问题。做好进度计划执行的准备工作是项目进度计划顺利执行的保证。

2. 签发施工任务书

编制好月（旬）作业计划以后，签发施工任务书使其进一步落实。施工任务书是向班组下达任务、实行责任承包、全面管理的综合性文件，它是计划和实施的纽带。施工任务书包括施工任务单、限额领料单、考勤表等。其中施工任务单包括分项工程施工任务、工程量、劳动量、开工及完工日期、工艺、质量和安全要求等内容。限额领料单根据施工任务单编制，它是控制班组领用料的依据，主要列明各科名称、规格、型号、单位和数量、退领料记录等。其相关的计划表及各类表单见表 3－5 至表 3－8。

表 3－5　旬作业计划

序号	工程名称	工程数量	工日数	持续时间	进度/天									
					1	2	3	4	5	6	7	8	9	10

表 3－6　施工任务单

项目名称＿＿＿＿　编　号＿＿＿＿　开工日期＿＿＿＿　部位名称＿＿＿＿　签发人＿＿＿＿
交底人＿＿＿＿　施工班组＿＿＿＿　签发日期＿＿＿＿　回收日期＿＿＿＿

定额编号	分项工程名称	单位	定额工数			实际完成情况				考勤记录	
			工程量	时间定额	定额工数	工程量	时需工数	实耗工数	工效(％)	姓名	日期
				定额系数							
	小　计										

材料名称	单位	单位定额	定额数量	实需数量	施工要求及注意事项		
				验收内容	签证人		
				质量分			
				安全分			
				文明施工分			
					合计		

计划施工日期：＿＿月＿日～＿＿月＿日　实际施工日期：＿＿月＿日～＿＿月＿日　工期超＿＿天　拖＿＿天

表 3-7 限额领料单

年 月 日

单位工程			施工预算 工程量			任务单编号				
分项工程			实际工程量			执行班组				
材料名称	规格	单位	施工定额	计划用量	实际用量	计划单价	金额	级配	节约	超用

表 3-8 限额领料发放记录

月/日	名称、规格	单位	数量	领用人	月/日	名称、规格	单位	数量	领用人	月/日	名称、规格	单位	数量	领用人

3. 做好施工进度记录

在计划任务完成的过程中,各级施工计划的执行者都要跟踪做好施工记录,实事求是记载计划中的每项工作开始日期、工作进度和完成日期,并填好有关图表为施工项目进度检查分析提供信息。

4. 做好施工中的调度工作

施工调度是指在施工过程中不断组织新的平衡,建立和维护正常的施工条件及施工程序所做的工作。它的主要任务是督促、检查工程项目计划和工程合同执行情况,调度物资、设备、劳力,解决施工现场出现的矛盾,协调内外部的配合关系,促进和确保各项计划指标的落实。

任务三 建筑工程项目进度计划的检查与调整

 工作步骤

> 步骤一 工程项目进度计划的检查
> 步骤二 施工项目实际进度与计划进度的对比分析
> 步骤三 施工项目进度计划的调整

知识链接

为了掌握项目的进度情况,在进度计划执行一段时间后就要检查实际进度是否按照计划进度顺利进行。在进度计划执行发生偏离的时候,编制调整后的施工进度计划,以保证总目标的实现。

在施工项目的实施过程中,为了进行施工进度控制。进度控制人员应经常性地、定期地跟踪检查施工实际进度情况,主要是收集施工项目进度材料,进行统计整理和对比分析,确定实际进度与计划进度之间的关系,其主要工作包括以下内容。

一、跟踪检查施工实际进度

跟踪检查施工实际进度是分析施工进度、调整施工进度的前提。其目的是收集实际施工进度的有关数据。跟踪检查的时间、方式、内容和收集数据的质量,将直接影响控制工作的质量和效果。

进行计划检查应按统计周期的规定进行定期检查,并应根据需要进行不定期检查。进度计划的定期检查包括规定的年、季、月、旬、周、日检查,不定期检查指根据需要由检查人(或组织)确定的专题(项)检查。检查内容应包括工程量的完成情况、工作时间的执行情况、资源使用及与进度的匹配情况、上次检查提出问题的整改情况以及检查者确定的其他检查内容。检查和收集资料的方式一般采用经常、定期地收集进度报表方式,定期召开进度工作汇报会,或派驻现场代表检查进度的实际执行情况等方式进行。

二、整理统计检查数据

收集到的施工项目实际进度数据,要进行必要的整理,按施工进度计划控制的工作项目内容进度整理统计,形成与计划进行具有可比性的数据。一般可以按实物工程量、工作量和劳动消耗量以及累计百分比整理和统计实际检查的数据,以便与相应的计划相对比。

 特别提示

施工项目进度计划编制之后,应进行进度计划的实施。进度计划的实施就是落实并完成进度计划,用施工项目进度计划指导施工活动。

将收集的资料整理和统计成具有与计划进度可比性的数据后,用施工项目实际进度与计划进度的比较方法进行比较。通常采用的比较方法有横道图比较法、S形曲线比较法、香蕉形曲线比较法、前锋线比较法。通过比较得出实际进度与计划进度相一致、超前和拖后三种情况。

三、分析进度偏差对后续工作及总工期的影响

当实际进度与计划进度进行比较,判断出现偏差时,首先应分析该偏差对后续工作和对总工期的影响程度,然后才能决定是否调整以及选取调整的方法与措施。具体步骤如下:

(1)分析出现进度偏差的工作是否为关键工作。若出现偏差的工作为关键工作,则无论偏差大小,都将影响后续工作按计划施工并使过程总工期拖后,必须采取相应措施调整后期施工

计划,以便确保计划工期;若出现偏差的工作为非关键工作,则需要进一步根据偏差值与总时差和自由时差进行比较分析,才能确定对后续工作和总工期的影响程度。

(2)分析进度偏差时间是否大于总时差。若某项工作的进度偏差时间大于该工作的总时差,则将影响后续工作和总工期,必须采取措施进行调整;若进度偏差时间小于或等于该工作的总时差,则不会影响工程总工期,但是否影响后续工作,尚需分析此偏差与自由时差的大小关系才能确定。

(3)分析进度偏差时间是否大于自由时差。若某项工作的进度偏差时间大于该工作的自由时差,说明此偏差必然对后续工作产生影响,应该如何调整,应根据后续工作的允许影响程度而定;若进度偏差时间小于或等于该工作的自由时差,则对后续工作毫无影响,不必调整。

 特别提示

分析偏差主要是利用网络计划中总时差和自由时差的概念进行判断。由时差概念可知:当偏差大于该工作的自由时差,而小于总时差时,对后续工作的最早开始时间有影响,对总工期无影响;当偏差大于总时差时,对后续工作和总工期都有影响。

四、施工项目进度计划的调整方法

在对实施的进度计划分析的基础上,应确定调整原计划的方法,一般主要有以下几种。

(1)改变某些工作间的逻辑关系。若检查的实际施工进度产生的偏差影响了总工期,在工作之间的逻辑关系允许改变的条件下,可以改变关键线路和超过计划工期的非关键线路上的有关工作之间的逻辑关系,达到缩短工期的目的。用这种方法调整的效果是很显著的。例如,可以把依次进行的有关工作改成平行的或相互搭接的,以及分成几个施工段进行流水施工等,都可以达到缩短工期的目的。

(2)缩短某些工作的持续时间。这种方法是不改变工作之间的逻辑关系,而是缩短某些工作的持续时间,使施工进度加快,并保证实现计划工期的方法。那些被压缩持续时间的工作是位于由于实际施工进度的拖延而引起总工期增长的关键线路和某些非关键线路上的工作,同时又是可压缩持续时间的工作。这种方法实际上就是采用网络计划优化的方法。

(3)资源供应的调整。如果资源供应发生异常(供应满足不了需要),应采用资源优化方法对计划进行调整,或采取应急措施,使其对工期影响最小化。

(4)增减工程量。增减工程量主要是指改变施工方案、施工方法,从而导致工程量的增加或减少。

(5)起止时间的改变。起止时间的改变应在相应工作时差范围内进行。每次调整必须重新计算时间参数,观察该项调整对整个施工计划的影响。调整时可采用下列方法:将工作在其最早开始时间和其最迟完成时间范围内移动;延长工作的持续时间;缩短工作的持续时间。

根据施工进度检查记录,进行统计整理和对比分析,进度计划比较是施工进度计划调整的基础。常用的比较方法有以下几种:

1.横道图比较法

用横道图编制实施进度计划,是人们常用的、很熟悉的方法。它简明、形象和直观,编制方法简单,使用方便。

横道图比较法是指将检查实际进度收集的信息,经整理后直接用粗实线并列标注在原计划的横道线下方,进行直观比较的方法。

例如某钢筋混凝土基础工程,分三段组织流水施工时,将其施工的实际进度与计划进度比较,如图3-3所示。

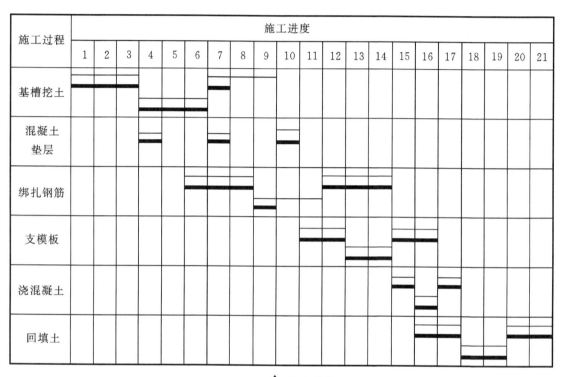

图3-3 实际进度与计划进度比较横道图

横道图比较法的适用范围为各项工作均为匀速施工,即每项工作在单位时间里完成的任务量都是相等的情况。

因此,匀速施工横道图比较法的比较步骤如下:

(1)编制横道图进度计划。

(2)在进度计划上标出检查日期。

(3)将检查收集的实际进度数据,按比例用涂黑的粗线标于计划进度线的下方。

(4)比较分析实际进度与计划进度:① 涂黑的粗线右端与检查日期相重合,表明实际进度与计划进度相一致;② 涂黑的粗线右端在检查日期左侧,表明实际进度拖后;③ 涂黑的粗线右端在检查日期右侧,表明实际进度超前。

2.S型曲线比较法

S型曲线比较法是以横坐标表示进度时间,纵坐标表示累计完成任务量,而绘制出一条按计划时间累计完成任务量的 S 型曲线,将工程项目的各检查时间实际完成的任务量绘在 S 型曲线图上,进行实际进度与计划进度相比较的一种方法。

从整个工程项目的施工全过程看,一般是开始和结束时,单位时间投入的资源量较少,中间阶段单位时间投入的资源量较多,与其相关单位时间完成的任务量也是呈同样的变化,如图 3－4(a)所示;而随时间进展累计完成的任务量,则应该呈 S 型变化,如图 3－4 所示。

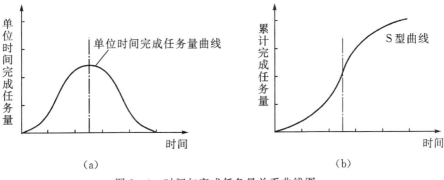

图 3－4　时间与完成任务量关系曲线图

S 型曲线比较法同横道图比较法一样,是通过图上直观对比进行施工实际进度与计划进度相比较的方法。

在工程施工中,按规定的检查时间将检查时测得的施工实际进度的数据资料,经整理统计后绘制在计划进度 S 型曲线的同一个坐标图上,如图 3－5 所示。

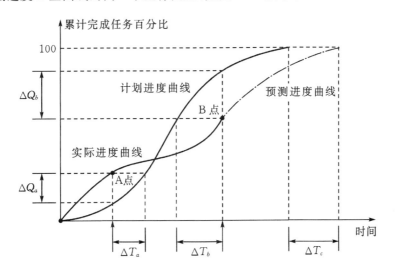

图 3－5　S 型曲线的比较图

运用图 3－5 中两条 S 型曲线,可以进行如下比较:

(1)工作实际进度与计划进度的关系。实际进度在计划进度 S 形曲线左侧(如 A 点),则表示此时刻实际进度已比计划进度超前;反之,则表示实际进度比计划进度拖后(如 B 点)。

(2)实际进度超前或拖后的时间。从图中我们可以得知实际进度比计划进度超前或拖后的具体时间,用 $\triangle T_a$ 和 $\triangle T_b$ 表示。

(3)工作量完成情况。由实际完成 S 形曲线上的一点与计划 S 形曲线相对应点的纵坐标可得,此时已超额或拖欠的工作量的百分比差值,用 $\triangle Q_a$ 和 $\triangle Q_b$ 表示。

(4)后期工作进度预测。在实际进度偏离计划进度的情况下,如工作不调整,仍按原计划安排的速度进行(图 3-5 中虚线所示),则总工期必将超前或拖延,从图中我们也可得知此时工期的预测变化值,用 $\triangle T_c$ 表示。

3.香蕉型曲线比较法

(1)香蕉型曲线的形成。香蕉型曲线是两条 S 型曲线组合成的闭合曲线。从 S 型曲线的绘制过程中可知:任一工程项目,从某一时间开始施工,根据其计划进度要求而确定的施工进展时间与相应的累计完成任务量的关系都可以绘制出一条计划进度的 S 型曲线。

因此,按任何一个工程项目的施工计划,都可以绘制出两种曲线:以最早开始时间安排进度而绘制的 S 型曲线,称为 ES 曲线;以最迟开始时间安排进度而绘制的 S 型曲线,称为 LS 曲线。

两条 S 型曲线都是从计划的开始时刻开始和完成时刻结束,因此两条曲线是闭合的,ES 曲线在 LS 曲线的左上方,两条曲线之间的距离是中间段大,向两端逐渐变小,在端点处重合,形成一个形如香蕉的闭合曲线,故称为香蕉型曲线。如图 3-6 所示。

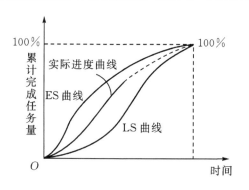

图 3-6 香蕉型曲线比较法图

(2)香蕉型曲线比较法的作用。

①香蕉型曲线的主要是起控制作用。严格控制实际进度的变动范围,使实际进度的曲线处于香蕉型曲线范围内,就能保证按期完工。

②确定是否调整后期进度计划。进行施工实际进度与计划进度的 ES 曲线和 LS 曲线的比较,以便确定是否应采取措施调整后期的施工进度计划。

③预测后期工程发展趋势。确定在检查时的施工进展状态下,预测后期工程施工的 ES 曲线和 LS 曲线的发展趋势。

4.前锋线比较法

前锋线比较法适用于时标网络计划。如图 3-7 所示。

(1)前锋线绘制。在时标网络计划中,从检查时刻的时标点出发,首先连接与其相邻的工作箭线的实际进度点,由此再去连接该箭线相邻工作箭线的实际进度点,依此类推,将检查时刻正在进行工作的点都依次连接起来,组成一条一般为折线的前锋线。

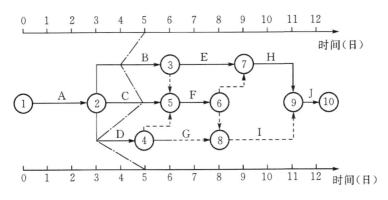

图 3-7　网络计划前锋线比较图

（2）前锋线分析。

①判定进度偏差。按前锋线与箭线交点的位置判定工程实际进度与计划进度的偏差。

②实际进度与计划进度有三种关系。前锋线明显地反映出检查日有关工作实际进度与计划进度的关系有以下三种情况：实际进度点与检查日时间相同，则该工作实际与计划进度一致；实际进度点位于检查日时间右侧，则该工作实际进度超前；实际进度点位于检查日时间左侧，则该工作实际进展拖后。

工程进度的推迟一般分为工程延误和工期延期两种，其责任及处理方法不同。由于承包单位自身的原因造成的进度拖延，称为工程延误；由于承包单位以外的原因造成进度拖延，称为工程延期。

如果是工程延误，则所造成的一切损失由承包单位承担。如果是工程延期，则承包单位不仅有权要求延长工期，而且还有权向业主提出赔偿费用的要求以弥补由此造成的额外损失。

项目习题

某工程双代号网络计划如图 3-8 所示，途中箭线上下方标注内容，箭线上方括号外为工作名称，括号内为优选系数；箭线下方括号外为工作正常持续时间，括号内为最短持续时间。先假定要求工期为 30 天，试对其进行工期优化。

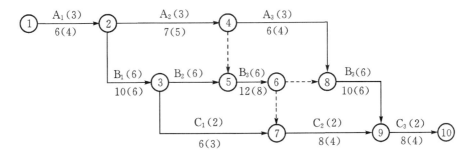

图 3-8　某工程双代号网络计划

项目四
建设工程施工质量控制

学习目标

知识目标 了解质量管理的基本观点;了解质量管理体系的建立和运行;掌握质量管理的统计方法;掌握施工质量的控制依据和程序,能按施工标准规范的要求进行施工质量控制。

能力目标 掌握质量管理的统计方法;掌握施工质量的控制依据和程序;能按施工标准规范的要求进行施工质量控制。

案例导入

随着社会经济的发展和施工技术的进步,现代工程建设呈现出规模不断扩大、技术复杂程度提高等特点,大规模的单体工程和综合使用功能的综合性建筑比比皆是,而出现工程质量方面的问题,所造成的损失也往往是巨大的。重庆市綦江县彩虹桥是一座长 102 m,宽 10 m,桥净空跨度 120m 的中承式拱桥,1994 年 11 月动工,1996 年 2 月完工正式投入使用,耗资 368 万元。1999 年 1 月 4 日,整座大桥突然垮塌,桥上群众和武警战士全部坠入河中,经奋力抢救,14 人受伤,40 人遇难死亡,直接经济损失 630 万元。

经调查,直接原因是:①吊杆锁锚问题,主拱钢绞线锁锚方法错误;②主拱钢管焊接问题,主拱钢管在工厂加工中,对接焊缝普遍存在裂纹、未焊透、未熔合、气孔、夹渣等严重缺陷,质量达不到施工及验收规范规定的二级焊缝验收标准;③钢管混凝土问题,主钢管内混凝土强度未达到设计要求,局部有漏灌现象,在主拱肋板处甚至出现 1 m 多长的空洞;④设计问题,设计粗糙,随意更改。施工中对主拱钢结构的材质、焊接质量、接头位置及锁锚质量均无明确要求。

在成桥增设花台等荷载后,主拱承载力不能满足相应的规范要求。间接原因是:①建设过程严重违反基本建设程序。未进行设计审查,未进行施工招投标,未办理建筑施工许可手续,未进行工程竣工验收。②管理混乱。工程总承包关系混乱,总承包单位在履行职责上严重失职;施工管理混乱,设计变更随意,手续不全,技术管理薄弱,责任不落实,关键工序及重要部位的施工质量无人把关;材料及构配件进场管理失控,不按规定进行试验检测,外协加工单位加工的主拱钢管未经焊接质量检测合格就交付施工方使用;质监部门未严格审查项目建设条件就受理质监委托,且未认真履行职责,对项目未经验收就交付使用的错误作法未有效制止;工程档案资料管理混乱,无专人管理;未经验收,强行使用,最终造成重大工程事故。

因此如何更好地对工程进行质量管理,科学地评价工程质量,是施工管理的重要工作内容。

任务一　编制施工准备阶段质量控制方案并进行控制

 工作步骤

> 步骤一　审查施工承包单位资质
> 步骤二　审查施工组织设计（质量计划）
> 步骤三　审查现场施工准备情况

 知识链接

建设工程施工管理的质量管理,要从全面质量管理的观点来分析,建筑工程的质量应不仅包括工程质量,还应包括工作质量和人的质量(素质)。工程质量是指工程适合一定用途,满足使用者要求,符合国家法律法规、技术标准、设计文件、合同等规定的特性综合。建筑工程质量主要包括性能、寿命、可靠性、安全性、经济性以及与环境的协调性六个方面。

 特别提示

工程质量标准并不是一成不变的。随着科学技术的进步、生产条件和环境的改善、生产和生活水平的提高,质量标准也将会不断修改和提高。另外,工程的等级不同、用户的需求层次不同,对工程质量的要求也不同。

一、质量计划与施工组织设计

质量计划是质量策划结果的一项管理文件。对工程建设而言,质量计划主要是针对特定的工程项目为完成预定的质量控制目标,编制专门规定的质量措施、资源和活动顺序的文件。其作用是,对外作为针对特定工程项目的质量保证,对内作为针对特定工程项目质量管理的依据。根据质量管理的基本原理,质量计划包含为达到质量目标、质量要求的计划、实施、检查及处理这四个环节的相关内容,即 PDCA 循环。具体而言,质量计划应包括下列内容:编制依据;项目概况;质量目标;组织机构;质量控制及管理组织协调的系统描述;必要的质量控制手段,检验和试验程序等;确定关键过程和特殊过程及作业的指导书;与施工过程相适应的检验、试验、测量、验证要求;更改和完善质量计划的程序等。

质量计划与现行施工管理中的施工组织设计有相同的地方,又存在着差别:

(1)对象相同,质量计划和施工组织设计都是针对某一特点工程项目而提出的;形式相同,二者均为文件形式。

(2)编制的原理不同。质量计划的编制是以质量管理标准为基础的,从质量职能上对影响工程质量的各环节进行控制;而施工组织设计则是从施工部署的角度,着重于技术质量的形成规律来编制全面施工管理的计划文件。

(3)在内容上各有侧重点。质量计划的内容按其功能包括质量目标、组织结构和人员培训、采购、过程质量控制的手段和方法;而施工组织设计是建立在对这些手段和方法结合工程特点具体而灵活运用的基础上。

二、施工组织设计的审查程序

施工组织设计已包含了质量计划的主要内容,因此,监理工程师对施工组织设计的审查也同时包括了对质量计划的审查。

(1)在工程项目开工前约定的时间内,承包单位必须完成施工组织设计的编制及内部自审批准工作,填写《施工组织设计(方案)报审表》报送项目监理机构。

(2)总监理工程师在约定的时间内,组织专业监理工程师进行审查,提出意见后,由总监理工程师审核签认。需要承包单位修改时,由总监理工程师签发书面意见,退回承包单位修改后再报审,总监理工程师需重新审查。

(3)已审定的施工组织设计由项目监理机构报送建设单位。

(4)承包单位应按审定的施工组织设计文件组织施工。如需对其内容做较大的变更,应在实施前将变更内容书面报送项目监理机构审核。

(5)规模大、结构复杂或属新结构、特种结构的工程,项目监理机构对施工组织设计审查后,还应报送监理单位技术负责人审查,提出审查意见后由总监理工程师签发,必要时与建设单位协商,组织有关专业部门和有关专家会审。

(6)规模大,工艺复杂的工程、群体工程或分期出图的工程,经建设单位批准可分阶段报审施工组织设计;技术复杂或采用新技术的分项、分部工程,承包单位还应编制该分项、分部工程的施工方案,报项目监理机构审查。

三、审查施工组织设计时应把握的原则

(1)施工组织设计的编制、审查和批准应符合规定的程序。

(2)施工组织设计应符合国家的技术政策,充分考虑承包合同规定的条件、施工现场条件及法规条件的要求,突出"质量第一、安全第一"的原则。

(3)施工组织设计的针对性:承包单位是否了解并掌握了本工程的特点及难点,施工条件是否分析充分。

(4)施工组织设计的可操作性:承包单位是否有能力执行并保证工期和质量目标;该施工组织设计是否切实可行。

(5)技术方案的先进性:施工组织设计采用的技术方案和措施是否先进适用,技术是否成熟。

(6)质量管理和技术管理体系的质量保证措施是否健全且切实可行。

(7)安全、环保、消防和文明施工措施是否切实可行并符合有关规定。

(8)在满足合同和法规要求的前提下,对施工组织设计的审查,应尊重承包单位的自主技术决策和管理决策。

四、施工组织设计审查的注意事项

(1)重要的分项、分部工程的施工方案,承包单位在开工前,向监理工程师提交详细报告,说明为完成该项工程的施工方法、施工机械设备及人员配备与组织、质量管理措施以及进度安

排等,报请监理工程师审查认可后方能实施。

(2)在施工顺序上应符合先地下、后地上,先土建、后设备,先主体、后围护的基本规律。

(3)施工方案应与施工进度计划、施工平面图布置协调一致。

五、审查现场施工准备的具体情况

(1)工程定位及标高基准控制。

(2)施工平面布置的控制。

(3)材料构配件采购订货的控制。

(4)施工机械配置的控制。

(5)分包单位资质的审核确认。①分包单位提交《分包单位资质报审表》,②监理工程师审查总承包单位提交的《分包单位资质报审表》,③对分包单位进行调查。

调查的目的是核实总承包单位申报的分包单位情况是否属实。如果监理工程师对调查结果满意,则总监理工程师应以书面形式批准该分包单位承担分包任务。总承包单位收到监理工程师的批准通知后,应尽快与分包单位签订分包协议,并将协议副本报送监理工程师备案。

(6)设计交底与施工图纸的现场核对。

①监理工程师参加设计交底应着重了解的内容。

A.有关地形、地貌、水文气象、工程地质及水文地质等自然条件方面;

B.主管部门及其他部门(如规划、环保、农业、交通、旅游等)对本工程的要求、设计单位采用的主要设计规范、市场供应的建筑材料情况等;

C.设计意图方面诸如设计思想、设计方案比选的情况、基础开挖及基础处理方案、结构设计意图、设备安装和调试要求、施工进度与工期安排等;

D.施工应注意事项方面,如基础处理的要求、对建筑材料方面的要求、主体工程设计中采用新结构或新工艺对施工提出的要求、为实现进度安排而应采用的施工组织和技术保证措施等。

②施工图纸的现场核对。施工图是工程施工的直接依据,为了使施工承包单位充分了解工程特点、设计要求,减少图纸的差错,确保工程质量,减少工程变更,监理工程师应要求施工承包单位做好施工图的现场核对工作。

(7)严把开工关。

(8)监理组织内部的监控准备工作。

六、工程质量的形成过程与影响因素分析

(一)工程建设各阶段对质量形成的作用与影响

工程建设的不同阶段,对工程项目质量的形成起着不同的作用和影响。

1.项目可行性研究阶段

工程项目可研阶段对项目有关的技术、经济、社会、环境等各方面进行调查研究,在技术上分析论证各方案是否可行,在经济上是否合理,以供决策者选择。项目可行性研究阶段对项目质量产生直接影响。

2.项目决策阶段

项目决策是从两个及两个以上的可行性方案中选择一个更合理的方案。两个方案比较

时,主要比较项目投资、质量和进度这三者之间的关系。因此,决策阶段是影响工程建设质量的关键阶段。

3.工程勘察、设计阶段

设计方案技术上是否可行、经济上是否合理、设备是否完善配套、结构是否安全可靠,都将决定建成后项目的使用功能。因此,设计阶段是影响建设工程质量的决定性环节。

4.工程施工阶段

工程建设项目施工阶段是根据设计文件和图样要求,通过相应的质量控制把质量目标和质量计划付诸实施的过程。施工阶段是影响工程建设项目质量的关键环节。

5.工程竣工验收阶段

竣工验收是对工程项目质量目标的完成程度进行检验、评定和考核的过程。竣工验收不认真,就无法实现规定的质量目标。因此,工程竣工验收是影响工程建设项目的一个重要环节。

6.使用保修阶段

保修阶段要对使用过程中存在的施工遗留问题及发现的新质量问题进行巩固和改进,最终保证工程项目的质量。

(二)影响工程质量的因素

影响工程质量的因素归纳起来主要有五个方面,人(man)、材料(material)、机械(machine)、方法(method)和环境(environment),简称为4M1E因素。

1.人员素质

人是指施工活动的组织者、领导者及直接参与施工作业活动的具体操作者。人员因素的控制就是对上述人员的各种行为进行控制。

2.工程材料

材料是指在工程项目建设中使用的原材料、成品、半成品、构配件等,这些是工程施工的物质保证条件。

(1)材料质量控制规定。具体如下:

①在质量计划确定的合格材料供应商目录中按计划招标采购原材料、成品、半成品和构配件。

②材料的搬运和储存应按搬运储存规定进行,并应建立台账。

③项目经理部应对材料、半成品和构配件进行标识。

④未经检验和已经检验为不合格的材料、半成品和构配件等,不得投入使用。

⑤对发包人提供的材料、半成品、构配件等,必须按规定进行检验和验收。

⑥监理工程师应对承包人自行采购的材料进行验证。

(2)材料质量控制方法。加强材料的质量控制是保证和提高工程质量的重要保障,是控制工程质量影响因素的有效措施。

①认真组织材料采购。材料采购应根据工程特点、施工合同、材料的适用范围、材料的性能要求和价格因素等进行综合考虑。

②严格材料质量检验。对材料进行质量检验是指通过一系列的检测手段,将所取得的材料数据与材料质量标准进行对比,以便在事先判断材料质量的可靠性,再根据此决定能否将其用于工程实体。材料质量检验的内容包括:A.材料标准。B.检验项目。一般在标准中有明确

规定,如:钢筋要进行拉伸试验、弯曲试验,检验焊接件的力学性能,凝土要进行表观密度、塌落度、抗压强试验。C.取样方法。材料质量检验的取样必须具有代表性,因此,材料取样要严格按规范规定的部位、数量和操作要求进行。D.检(试)验方法。材料检查方法有书面检查、外观检查、理化检查、无损检查等。E.检验程度。质量检验程度分为免检、抽检、全检三种。免检是对有足够质量保证的一般材料,以及实践证明质量长期稳定,且质量保证资料齐全的材料,可免去质量检验过程。抽检是对材料的性能不清楚或对质量保证资料有怀疑,或对成批产品的构配件,均应按一定比例随机抽样进行检查。全检是凡进口材料、设备和重要部位的材料以及贵重的材料应进行全检。

对材料质量控制的要求为:所有材料、制品和构件必须有出厂合格证和材质化验单;钢筋水泥等重要材料要进行复试;现场配置的材料必须进行试配试验。

③合理安排材料的仓储保管与使用。如保管不当会造成水泥受潮、钢筋锈蚀,使用不当会造成不同直径钢筋混用。因此,要做到:合理调度,随进随用,尽量保证现场材料不大量积压;搞好材料使用管理工作;做到不同规格品种材料分类堆放、实行挂牌管理。

3.机械设备

(1)机械设备的控制规定。具体如下:应按设备进场计划进行施工设备的准备;现场的施工机械应满足施工需要;应对机械设备操作人员的资格进行确认,无证或资格不符者,严禁上岗。

(2)施工机械设备的质量控制。施工机械设备的选用必须结合施工现场条件、施工方法工艺、施工组织和管理等各种因素综合考虑。

①机械设备选型。施工机械设备型号的选择应本着因地制宜、因工程而异、满足需要的原则。如:挖土机有正铲挖土机、反铲挖土机,塔吊有轨道式、附着式,搅拌机有强制式、自落式。

②主要性能参数。选择施工机械性能参数要结合工程项目的特点、施工条件和已确定的型号。如选择起重机,应考虑起重量、起重高度和起重半径等。

③使用操作要求。应贯彻"三定"和"五好"原则,"三定"即"定机、定人、定岗位责任","五好"即"完成任务好、技术状况好、使用好、保养好、安全好"。

(3)生产机械设备的质量控制。

①对新购机械设备运输质量及供货情况的检查。对有包装的设备,应检查包装是否受损;对无包装的设备,应进行外观的检查及附件、备品的清点。

②对进口设备,必须进行开箱全面检查。对解体装运的自组装设备,在对总部件及随机附件、备品进行外观检查后,应尽快进行现场组装、检测试验。

③在工地交货的生产机械设备,一般都有设备厂家在工地进行组装、调试和生产性试验,自检合格后才能提请订货单位复检,待复检合格后,才能签署验收证明。

④对调拨旧设备的测试验收,应基本达到完好设备的标准。

⑤对于永久性和长期性的设备改造项目,应按原批准方案的性能要求,经一定的生产实践考验,并经鉴定合格后才予验收。

⑥对于自制设备,在经过6个月生产考验后,按试验性能指标测试验收。

4.方法

施工方案的选择必须结合工程实际,做到能解决工程难题,技术可行,经济合理,加快进度,降低成本,提高工程质量。它具体包括:确定施工流向、确定施工程序、确定施工顺序、确定施工工艺和施工环境。

5.环境条件

环境条件是指对工程质量特性起重要作用的环境因素。影响施工质量的环境较多,主要有几方面:

(1)自然环境。如气温、雨、雪、雷、电、风等。

(2)工程技术环境。如工程地质、水文、地形、地下水位、地面水等。

(3)工程管理环境。如质量保证体系和质量管理工作制度。

(4)工程作业环境。如作业场所、作业面等,以及前道工序为后道工序提供的操作环境。

(5)经济环境。如地方资源条件、交通运输条件、供水供电条件等。

环境因素对施工质量的影响有复杂性、多变性的特点,必须具体问题具体分析。如:气象条件变化无穷,温度、湿度、酷暑、严寒等都直接影响工程质量。施工现场,应建立文明施工和文明生产的环境,保持材料堆放整齐、道路畅通,工作环境清洁,施工顺序井井有条。

七、工程质量的特点

建设工程质量的特点是由建设工程本身和建设生产的特点决定的。建设工程(产品)及其生产的特点:一是产品的固定性,生产的流动性;二是产品多样性,生产的单件性;三是产品形体庞大、高投入、生产周期长、具有风险性;四是产品的社会性,生产的外部约束性。正是由于上述建设工程的特点而形成了工程质量的以下特点:影响因素多,质量波动大,质量隐蔽性,终检的局限性,评价方法的特殊性。

八、施工承包单位资质的核查

施工承包企业按照其承包工程能力,划分为施工总承包、专业承包和劳务分包三个序列。在施工前应审查施工承包单位资质是否满足合同要求。

(一)施工承包单位资质的分类

1.施工总承包企业

获得施工总承包资质的企业,可以对工程实行施工总承包或者对主体工程实行施工承包,施工总承包企业可以将承包的工程全部自行施工,也可以将非主体工程或者劳务作业分包给具有相应专业承包资质或者劳务分包资质的其他建筑业企业。施工总承包企业的资质按专业类别共分为 12 个资质类别,每一个资质类别又分成特级、一级、二级、三级。

2.专业承包企业

获得专业承包资质的企业,可以承接施工总承包企业分包的专业工程或者建设单位按照规定发包的专业工程。专业承包企业可以对所承接的工程全部自行施工,也可以将劳务作业分包给具有相应劳务分包资质的劳务分包企业。专业承包企业资质按专业类别共分为 60 个资质类别,每一个资质类别又分为一级、二级、三级。

3.劳务分包企业

获得劳务分包资质的企业,可以承接施工总承包企业或者专业承包企业分包的劳务作业。劳务承包企业有 13 个资质类别。

任务二　编制施工过程阶段质量控制方案并进行控制

 工作步骤

> 步骤一　编制作业技术准备状态的质量控制方案并进行控制
> 步骤二　编制作业技术活动运行过程的质量控制方案并进行控制
> 步骤三　编制作业技术活动结果的质量控制方案并进行控制

 知识链接

一、编制作业技术准备状态的质量控制方案并进行控制

(一)质量控制点的设置

1.质量控制点的概念

质量控制点是指为了保证作业过程质量而确定的重点控制对象、关键部位或薄弱环节。对于质量控制点,一般要事先分析可能造成质量问题的原因,再针对原因制定对策和措施进行预控。

2.选择质量控制点的一般原则

质量控制点的对象涉及面广,它可能是技术要求高、施工难度大的结构部位,也可能是影响质量的关键工序、操作或某一环节。总之,结构部位、影响质量的关键工序、操作、施工顺序、技术、材料、机械、自然条件、施工环境等均可作为质量控制点来控制。概括地说,应当选择那些保证质量难度大的、对质量影响大的或者是发生质量问题时危害大的对象作为质量控制点。

3.作为质量控制点重点控制的对象

质量控制点的选择要准确、有效。为此,一方面需要由有经验的工程技术人员来进行选择,另一方面也要集思广益,集中群体智慧由有关人员充分讨论,在此基础上进行选择。选择时要根据对重要的质量特性进行重点控制的要求,选择质量控制的重点部位、重点工序和重点的质量因素作为质量控制点,进行重点控制和预控,这是进行质量控制的有效方法。

4.质量预控对策的检查

所谓工程质量预控,就是针对所设置的质量控制点或分部、分项工程,事先分析施工中可能发生的质量问题和隐患,分析可能产生的原因,并提出相应的对策,采取有效的措施进行预先控制,以防在施工中发生质量问题。质量预控及对策的表达方式主要有文字表达、用表格形式表达、解析图形式表达。

(二) 作业技术交底的控制

承包单位做好技术交底,是取得好的施工质量的条件之一。为此,每一分项工程开始实施

前均要进行交底。

（三）进场材料构配件的质量控制

（1）凡运到施工现场的原材料、半成品或构配件，进场前应向项目监理机构提交《工程材料构配件/设备报审表》，同时附有产品出厂合格证及技术说明书，由施工承包单位按规定要求进行检验的检验报告或试验报告，经监理工程师审查并确认其质量合格后，方准进场。凡是没有产品出厂合格证明及检验不合格者，不得进场。

（2）进口材料的检查、验收，应会同国家商检部门进行。如在检验中发现质量问题或数量不符合规定要求时，应取得供货方及商检人员签署的商务记录，在规定的索赔期内进行索赔。

（3）材料构配件存放条件的控制。质量合格的材料、构配件进场后，到期使用或安装时通常都要经过一定的时间间隔。在此期间，如果对材料等的存放、保管不良，可能导致质量状况的恶化，如损伤、变质、损坏，甚至不能使用。

（4）对于某些当地材料及现场配置的制品，一般要求承包单位事先进行试验，达到要求的标准方准施工。

除应达到规定的力学强度等指标外，还应注意材料的化学成分的检验，充分考虑到施工现场加工条件与设计、试验条件不同而可能导致的材料或半成品质量差异。

（四）环境状态的控制

1．施工作业环境的控制

所谓作业环境条件主要是指诸如水、电或动力供应、施工照明、安全防护设备、施工场地空间条件和通道，以及交通运输和道路条件等。

2．施工质量管理环境的控制

施工质量管理环境主要是指施工承包单位的质量管理体系和质量控制自检系统是否处于良好的状态，系统的组织结构、管理制度、检测制度、检测标准、人员配备等方面是否完善和明确，质量责任制是否落实。

3．现场自然环境条件的控制

对于未来施工期间，自然环境条件可能出现对施工作业质量的不利影响时，应事先已有充分的认识并已做好充足的准备和采取了有效措施与对策以保证工程质量。

（五）进场施工机械准备性能及工作状态的控制

保证施工现场作业机械设备的技术性能及工作状态，对施工质量有重要的影响。因此要做好现场控制工作。

1．施工机械设备的进场检查

机械设备进场前，要列出设备清单，列出进场机械设备的型号、规格、数量、技术性能（技术参数）、设备状况、进场时间等进行检查。

2．机械设备工作状态的检查

检查作业机械的使用、保养记录，检查其工作状况。

3．特殊设备安全运行的审核

对于现场使用的塔吊及有特殊安全要求的设备，进入现场后在使用前，必须经当地劳动部门鉴定，符合要求并办好相关手续后方允许投入使用。

4. **大型临时设备的检查**

大型临时设备使用前,必须取得本单位上级安全主管部门的审查批准,办好相关手续后,才可投入使用。

(六)施工测量及计量器具性能、精度的控制

1. **试验室**

工程项目中,承包单位应建立试验室。如确因条件限制,不能建立试验室,则应委托具有相应资质的专门试验室作为试验室。

2. **工地测量仪器的检查**

工地测量仪器必须经过法定计量部门的检测合格才可以使用。

(七)施工现场劳动组织及作业人员上岗资格的控制

1. **现场劳动组织的控制**

劳动组织涉及从事作业活动的操作者及管理者,以及相应的各种制度。

(1)操作人员。从事作业活动的操作者数量必须满足作业活动的需要,相应工种配置能保证作业有序持续进行,不能因人员数量及工种配置不合理而造成停顿。

(2)管理人员到位。作业活动的直接负责人、专职质检员、安全员,以及与作业活动有关的测量人员、材料员、试验员必须在岗。

(3)相关制度要健全。应建立健全以下制度:管理层及作业层各类人员的岗位职责,作业活动现场的安全、消防规定,作业活动中环保规定,试验室及现场试验检测的有关规定,紧急情况的应急处理规定等。

2. **作业人员上岗资格**

从事特殊作业的人员,必须持证上岗。

二、编制作业技术活动运行过程的质量控制方案并进行控制

(一)承包单位自检与专检工作的监控

承包单位是施工质量的直接实施者和责任者。监理工程师的质量监督与控制就是使承包单位建立起完善的质量自检体系并运转有效。

 特别提示

承包单位的自检体系表现在以下几点:①作业活动的作业者在作业结束后必须自检;②不同工序交接、转换必须由相关人员交接检查;③承包单位专职质检员的专检。

(二)技术复核工作的监控

凡涉及施工作业技术活动基准和依据的技术工作,都应该严格进行专人负责的复核性检查,以避免基准失误给整个工程质量带来难以补救的或全局性的危害。

(三)见证取样送检工作的监控

见证是指由监理工程师现场监督承包单位某工序全过程完成情况的活动。见证取样则是指对工程项目使用的材料、半成品、构配件的现场取样、工序活动效果的检查实施见证。

1. 见证取样的工作程序

首先要确认试验室,然后将选定的试验室到当地质量监督机构备案并得到认可,同时要将项目监理机构中负责见证取样的监理工程师在该质量监督机构备案。

2. 实施见证取样的要求

(1)试验室要具有相应的资质并进行备案、认可。

(2)负责见证取样的监理工程师要具有材料、试验等方面的专业知识,且要取得从事监理工作的上岗资格(一般由专业监理工程师负责从事此项工作)。

(3)承包单位从事取样的人员一般应由试验室人员或专职质检人员担任。

(4)送往试验室的样品,要填写"送验单",送验单要盖有"见证取样"专用章,并有见证取样监理工程师的签字。

(5)试验室出具的报告一式两份,分别由承包单位和项目监理机构保存,并作为归档材料,是工序产品质量评定的重要依据。

(6)见证取样的频率,国家或地方主管部门有规定的,执行相关规定;施工承包合同中如有明确规定的,执行施工承包合同的规定。见证取样的频率和数量,包括在承包单位自检范围内,一般所占比例为30%。

(7)见证取样的试验费用由承包单位支付。

(8)实行见证取样,绝不代替承包单位应对材料、构配件进场时必须进行的自检。自检频率和数量要按相关规范要求执行。

(四)工程变更的监控

1. 施工承包单位提出要求及处理

在施工过程中,承包单位提出的工程变更要求可能是要求作某些技术修改或者是要求作设计变更。

2. 设计单位提出变更的处理

(1)设计单位首先将"设计变更通知"及有关附件报送建设单位。

(2)建设单位会同监理、施工承包单位对设计单位提交的"设计变更通知"进行研究,必要时设计单位尚需提供进一步的资料,以便对变更作出决定。

(3)总监理工程师签发《工程变更单》,并将设计单位发出的"设计变更通知"作为该《工程变更单》的附件,施工承包单位按新的变更图实施。

(五)见证点的实施控制

"见证点"(witness point)是国际上对于重要程度不同及监督控制要求不同的质量控制点的一种区分方式。实际上它是质量控制点,只是由于它的重要性或其质量后果影响程度不同于一般质量控制点,所以在实施监督控制时的运作程序和监督要求与一般质量控制点有区别。

1. 见证点的概念

见证点监督,也称为 W 点监督。凡是列为见证点的质量控制对象,在规定的关键工序施工前,承包单位应提前通知监理人员在约定的时间内到现场进行见证和对其施工实施监督。如果监理人员未能在约定的时间内到现场见证和监督,则承包单位有权进行该 W 点的相应的工序操作和施工。

2. 见证点的监理实施程序

施工承包单位在分项工程施工前制定施工计划时,就选定设置质量控制点,并在相应的质量计划中再进一步明确哪些是见证点。承包单位应将该施工计划及质量计划提交监理工程师审批。

(六)级配管理质量监控

1.拌和原材料的质量控制

使用的原材料除材料本身质量要符合规定要求外,材料本身的级配也必须符合相关规定,如:粗骨料的粒径级配,细集料的级配曲线要在规定的范围内。

2.材料配合比的审查

根据设计要求,承包单位首先进行理论配合比设计,进行试配试验后,确认2～3个能满足要求的理论配合比提交监理工程师审查。

3.现场作业的质量控制

现场作业的质量控制主要包括以下几点:拌和设备状态及相关拌和料计量装置的检查;投入使用的原材料的现场检查;现场作业实际配合比是否符合理论配合比;对现场所做的调整应按技术复核的要求和程序执行。

(七)计量工作的质量监控

计量工作的质量监控具体如下:

(1)施工过程中使用的计量仪器、检测设备、称重衡器的质量控制。

(2)对从事计量作业人员技术水平资格的审核。

(3)现场计量操作的质量控制。

(八)质量记录资料的监控

质量记录资料包括以下三方面内容:①施工现场质量管理检查记录资料;②工程材料质量记录资料;③施工过程作业活动质量记录资料。

(九)工地例会的管理

工地例会是施工过程中参加建设项目各方沟通情况,解决分歧,达成共识,作出决定的主要渠道,也是监理工程师进行现场质量控制的重要场所。

三、编制作业技术活动结果的质量控制方案并进行控制

(一)作业技术活动结果的控制内容

1.基槽(基坑)验收

基槽开挖是基础施工中的一项内容,由于其质量状况对后续工程质量影响大,故应作为一个关键工序或一个检验批进行质量验收。

2.隐蔽工程验收

隐蔽工程是指将其后工程施工所隐蔽的分项、分部工程,在隐蔽前所进行的检查验收。

3.工序交接验收

工序是指作业活动中一种必要的技术停顿,作业方式的转换及作业活动效果的中间确认。上道工序应满足下道工序的施工条件和要求。

4.检验批、分项、分部工程的验收

检验批的质量应按主控项目和一般项目验收。检验批(分项、分部工程)完成后,承包单位

应首先自行检查验收,确认符合设计文件、相关验收规范的规定,然后向监理工程师提交申请,由监理工程师予以检查、确认。监理工程师按合同文件的要求,根据施工图纸及有关文件、规范、标准等,从外观、几何尺寸、质量控制资料以及内在质量等方面进行检查、审核。

5.联动试车或设备的试运转

一般中小型单体设备如机械加工设备,可只进行单机试车后即可交付生产。对复杂的、大型的机组、生产作业线等,特别是化工、石油、冶金、化纤、电力等连续生产的企业,必须进行单机、联动、投料等试车阶段。

6.单位工程或整个工程项目的竣工验收

在一个单位工程完工后或整个工程项目完成后,施工承包单位应先进行竣工自检,自己验收合格后,向项目监理机构提交工程竣工报验单,总监理工程师组织专业监理工程师进行竣工初验。

7.不合格的处理

上道工序不合格,不准进入下道工序施工,不合格的材料、构配件、半成品不准进入施工现场且不允许使用,已经进场的不合格品应及时作出标识、记录,指定专人看管,避免用错,并限期清除出现场;不合格的工序或工程产品,不予计价。

8.成品保护

所谓成品保护一般是指在施工过程中,有些分项工程已经完成,而其他一些分项工程尚在施工;或者是在其分项工程施工过程中,某些部位已完成,而其他部位正在施工。在这种情况下,承包单位必须负责对已完成部分采取妥善措施予以保护,以免因成品缺乏保护或保护不善而造成操作损坏或污染,影响工程整体质量。根据需要保护的建筑产品的特点不同,可以分别对产品采取"防护"、"覆盖"、"封闭"等保护措施,以及合理安排施工顺序来达到保护成品的目的。

(二)作业技术活动结果检验程序与方法

检验程序为:实测→分析→判断→纠正或认可。按一定的程序对作业活动结果进行检查,其根本目的是要体现作业者要对作业活动结果负责,同时也是加强质量管理的需要。

对于现场所用原材料、半成品、工序过程或工程产品质量进行检验的方法,一般可分为三类,即目测法、检测工具量测法以及试验法。

(1)目测法:即凭借感官进行检查,也可以叫做观感检验。这类方法主要是根据质量要求,采用看、摸、敲、照等手法对检查对象进行检查。

(2)量测法:就是利用量测工具或计量仪表,通过实际量测结果与规定的质量标准或规范的要求相对照,从而判断质量是否符合要求。量测的手法可归纳为:靠、吊、量、套。

(3)试验法:是指通过进行现场试验或试验室试验等理化试验手段,取得数据,分析判断质量情况。

四、作业技术准备状态的概念

所谓作业技术准备状态,是指各项施工准备工作在正式开展作业技术活动前,是否按预先计划的安排落实到位的状况,包括配置的人员、材料、机具、场所环境、通风、照明、安全设施等。

五、施工阶段质量控制的手段

(一)审核技术文件、报告和报表

(1)审查进入施工现场的分包单位的资质证明文件,控制分包单位的质量。

(2)审批施工承包单位的开工申请书,检查、核实与控制其施工准备工作质量。

(3)审批承包单位提交的施工方案、质量计划、施工组织设计或施工计划,控制工程施工质量有可靠的技术措施保障。

(4)审批施工承包单位提交的有关材料、半成品和构配件质量证明文件(出厂合格证、质量检验或试验报告等),确保工程质量有可靠的物质基础。

(5)审核承包单位提交的反映工序施工质量的动态统计资料或管理图表。

(6)审核承包单位提交的有关工序产品质量的证明文件(检验记录及试验报告)、工序交接检查(自检)、隐蔽工程检查、分部分项工程质量检查报告等文件、资料,以确保和控制施工过程的质量。

(7)审批有关工程变更、修改设计图纸等,确保设计及施工图纸的质量。

(8)审核有关应用新技术、新工艺、新材料、新结构等的技术鉴定书,审批其应用申请报告,确保新技术应用的质量。

(9)审批有关工程质量事故或质量问题的处理报告,确保质量事故或质量问题处理的质量。

(10)审核与签署现场有关质量技术签证、文件等。

(二)指令文件与一般管理文书

指令文件是监理工程师运用指令控制权的具体形式。所谓指令文件是表达监理工程师对施工承包单位提出指示或命令的书面文件,属于要求强制性执行的文件。

一般管理文书,如监理工程师函、备忘录、会议纪要、发布有关信息、通报等,主要是对承包商工作状态和行为,提出建议、希望和劝阻等,不属强制性要求执行,仅供承包人自主决策参考。

(三)现场监督和检查

1.现场监督检查的内容

(1)开工前的检查。主要是检查开工前准备工作的质量,能否保证正常施工及工程施工质量。

(2)工序施工中的跟踪监督、检查与控制。主要是监督、检查在工序施工过程中,人员、施工机械设备、材料、施工方法及工艺或操作以及施工环境条件等是否均处于良好的状态,是否符合保证工程质量的要求,若发现有问题及时纠偏和加以控制。

(3)对于重要的和对工程质量有重大影响的工序和工程部位,还应在现场进行施工过程的旁站监督与控制,确保使用材料及工艺过程质量。

2.现场监督检查的方式

(1)旁站与巡视。旁站是指在关键部位或关键工序施工过程中由监理人员在现场进行的监督活动。巡视是指监理人员对正在施工的部位或工序现场进行的定期或不定期的监督活动,巡视是一种"面"上的活动,它不限于某一部位或过程,而旁站则是"点"的活动,它是针对某一部位或工序。

（2）平行检验。平行检验是指监理工程师利用一定的检查或检测手段在承包单位自检的基础上，按照一定的比例独立进行检查或检测的活动。

（四）规定质量监控工作程序

规定双方必须遵守的质量监控工作程序，按规定的程序进行工作，这也是进行质量监控的必要手段。例如，未提交开工申请单并得到监理工程师的审查、批准不得开工；未经监理工程师签署质量验收单并予以质量确认，不得进行下道工序；工程材料未经监理工程师批准不得在工程上使用等。

此外还应具体规定：交桩复验工作程序，设备、半成品、构配件材料进场检验工作程序，隐蔽工程验收、工序交接验收工作程序，检验批、分项、分部工程质量验收工作程序等。通过程序化管理，使监理工程师的质量控制工作进一步落实，做到科学、规范的管理和控制。

（五）利用支付手段

这是国际上较通用的一种重要的控制手段，也是建设单位或合同中赋予监理工程师的支付控制权。

任务三　编制竣工验收阶段质量控制方案并进行控制

 工作步骤

> 步骤一　编制检验批质量验收控制方案并进行控制
> 步骤二　编制分项工程质量验收控制方案并进行控制
> 步骤三　编制分部工程质量验收控制方案并进行控制
> 步骤四　编制单位工程质量验收控制方案并进行控制

 知识链接

一、分项工程的验收

（一）检验批的划分

分项工程可由一个或若干个检验批组成，检验批可根据施工及质量控制和专业验收需要按楼层、施工段、变形缝等进行划分。

（二）检验批合格质量规定

（1）主控项目和一般项目的质量抽样检验合格。

（2）具有完整的施工操作依据、质量检查记录。

从上面的规定可以看出，检验批的质量验收包括了质量资料的检查和主控项目、一般项目的检验两方面的内容。

(三)检验批按规定验收

1.资料检查

质量控制资料反映了检验批从原材料到验收的各施工工序的施工操作依据,检查情况以及保证质量所必需的管理制度等。对其完整性的检查,实际是对过程控制的确认,这是检验批合格的前提。所要检查的资料主要包括:①图纸会审、设计变更、洽商记录;②建筑材料、成品、半成品、建筑构配件、器具和设备的质量证明书及进场检(试)验报告;③工程测量、放线记录;④按专业质量验收规范规定的抽样检验报告;⑤隐蔽工程检查记录;⑥施工过程记录和施工过程检查记录;⑦新材料、新工艺的施工记录;⑧质量管理资料和施工单位操作依据等。

2.主控项目和一般项目的检验

为确保工程质量,使检验批的质量符合安全和使用功能的基本要求,各专业质量验收规范对各检验批的主控项目和一般项目的子项合格质量都给予明确规定。检验批的合格质量主要取决于对主控项目和一般项目的检验结果。主控项目是对检验批的基本质量起决定性影响的检验项目,因此必须全部符合有关专业工程验收规范的规定。这意味着主控项目不允许有不符合要求的检验结果,即这种项目的检查具有否决权。而其一般项目则可按专业规范的要求处理。

3.检验批的质量验收记录

检验批的质量验收记录由施工项目专业质量检查员填写,监理工程师(建设单位专业技术负责人)组织项目专业质量检查员等进行验收。

二、分部(子分部)工程质量验收

1.分部（子分部）工程质量验收合格应符合的规定

分部工程的验收在其所含各分项工程验收的基础上进行。首先,分部工程的各分项工程必须已验收且相应的质量控制资料文件必须完整,这是验收的基本条件。此外,由于各分项工程的性质不尽相同,因此作为分部工程不能简单组合而加以验收,尚需增加以下两类检查:①涉及安全和使用功能的地基基础、主体结构、有关安全及重要使用功能的安装分部工程,应进行有关鉴定、取样、送样试验或抽样检测。如:建筑物垂直度、标高、全高测量记录,建筑物沉降观测测量记录,给水管道通水试验记录,暖气管道、散热器压力试验记录,照明动力全负荷试验记录等。②关于观感质量验收,这类检查往往难以定量,只能以观察、触摸或简单量测的方式进行,并由各个人的主观印象判断,检查结果并不给出"合格"或"不合格"的结论,而是综合给出质量评价。评价的结论为"好"、"一般"和"差"三种。对于"差"的检查点应通过返修处理等进行补救。

2.分部（子分部）工程质量验收记录

分部(子分部)工程质量应由总监理工程师(建设单位项目专业负责人)组织施工项目经理和有关勘察、设计单位项目负责人进行验收。

三、单位(子单位)工程质量验收

1.单位（子单位）工程质量验收合格应符合的规定

单位工程质量验收也称质量竣工验收,是建筑工程投入使用前的最后一次验收,也是最重要的一次验收。验收合格的条件有五个:除构成单位工程的各分部工程应该合格,并且有关的资料文件应完整以外,还应进行以下三方面的检查:

①涉及安全和使用功能的分部工程应进行检验资料的复查。不仅要全面检查其完整性（不得有漏检缺项），而且对分部工程验收时补充进行的见证抽样检验报告也要复核。这种强化验收的手段体现了对安全和主要使用功能的重视。

②此外，对主要使用功能还需进行抽查。使用功能的检查是对建筑工程和设备安装工程最终质量的综合检查，也是用户最为关心的内容。因此，在分项、分部工程验收合格的基础上，竣工验收时再作全面检查。抽查项目是在检查资料文件的基础上由参加验收的各方人员商定，并用计量、计数的抽样方法确定检查部位。检查要求按有关专业工程施工质量验收标准的要求进行。

③最后，还需由参加验收的各方人员共同进行观感质量检查。检查的方法、内容、结论等应在分部工程的相应部分中阐述，最后共同确定是否通过验收。

2.单位（子工程）工程质量竣工验收记录

单位（子单位）工程质量竣工验收记录由施工单位填写，验收结论由监理（建设）单位填写。综合验收结论由参见验收各方共同商定，建设单位填写，应对工程质量是否符合设计和规范要求及总体质量水平作出评价。

四、施工质量验收的基本规定

（1）施工现场质量管理应有相应的施工技术标准，健全的质量管理体系、施工质量检验制度和综合施工质量水平评价考核制度，并做好施工现场质量管理检查记录。

（2）建筑工程施工质量应按下列要求进行验收：

①建筑工程施工质量应符合建筑工程施工质量验收统一标准和相关专业验收规范的规定。

②建筑工程施工应符合工程勘察、设计文件的要求。

③参加工程施工质量验收的各方人员应具备规定的资格。

④工程质量的验收应在施工单位自行检查评定的基础上进行。

⑤隐蔽工程在隐蔽前应由施工单位通知有关方进行验收，并应形成验收文件。

⑥涉及结构安全的试块、试件以及有关材料，应按规定进行见证取样检测。

⑦检验批的质量应按主控项目和一般项目验收。

⑧对涉及结构安全和使用功能的分部工程应进行抽样检测。

⑨承担见证取样检测及有关结构安全检测的单位应具有相应资质。

⑩工程的观感质量应由验收人员通过现场检查，并应共同确认。

五、分项工程的划分及质量验收

分项工程的划分应按主要工种、材料、施工工艺、设备类别等进行划分。建筑工程分部（子分部）工程、分项工程的具体划分见《建筑工程施工质量验收统一标准》（GB50300—2001）。

分项工程的验收在检验批的基础上进行。一般情况下，两者具有相同或相近的性质，只是批量的大小不同而已。因此，将有关的检验批汇集构成分项工程。分项工程合格质量的条件比较简单，只要构成分项工程的各检验批的验收资料文件完整，并且均已验收合格，则分项工程验收合格。

六、分部工程的划分及质量验收

分部工程的划分应按下列原则确定：

(1)分部工程的划分应按专业性质、建筑部位确定。

(2)当分部工程较大或较复杂时，可按施工程序、专业系统及类别等划分为若干个子分部工程。

七、单位工程的划分及质量验收

单位工程的划分应按下列原则确定：

(1)具备独立施工条件并能形成独立使用功能的建筑物及构筑物为一个单位工程。

(2)规模较大的单位工程，可将其能形成独立使用功能的部分划分为一个子单位工程。

(3)室外工程可根据专业类别和工程规模划分单位(子单位)工程。

八、工程施工质量不符合要求时的处理

一般情况下，不合格现象在检验批的验收时就应发现并及时处理，所有质量隐患必须尽快消灭在萌芽状态，否则将影响后续检验批和相关的分项工程、分部工程的验收。但非正常情况可按下述规定进行处理：

(1)经返工重做或更换器具、设备检验批，应重新进行验收。这种情况是指主控项目不能满足验收规范规定或一般项目超过偏差限制的子项不符合检验规定的要求时，应及时进行处理的检验批。其中，严重的缺陷应推倒重来；一般的缺陷通过返修或更换器具、设备予以解决，应允许施工单位在采取相应的措施后重新验收。如能够符合相应的专业工程质量验收规范，则应认为该检验批合格。

(2)经有资质的检测单位鉴定达到设计要求的检验批，应予以验收。这种情况是指个别检验批发现试块强度等不满足要求等问题，难以确定是否验收时，应请具有资质的法定检测单位检测，当鉴定结果能够达到设计要求时，该检验批应允许通过验收。

(3)经有资质的检测单位鉴定达不到设计要求但经原设计单位核算认可能满足结构安全和使用功能的检验批，可予以验收。这种情况是指一般情况下规范标准给出了满足安全和功能的最低限度要求，而设计往往在此基础上留有一些余量。不满足设计要求和符合相应规范标准的要求，两者并不矛盾。

(4)经返修或加固的分项、分部工程，虽然改变外形尺寸但仍能满足安全使用要求，可按技术处理方案和协商文件进行验收。这种情况是指更为严重缺陷或范围超过检验批的更大范围内的缺陷可能影响结构的安全性和使用功能。如经法定检测单位检测鉴定以后认为达不到规范标准的相应要求，即不能满足最低限度的安全储备和使用功能，则必须按一定的技术方案进行加固处理，使之能保证其满足安全使用的基本要求。这样会造成一些永久性的缺陷，如改变结构的外形尺寸，影响一些次要的使用功能等。为了避免社会财富更大的损失，在不影响安全和主要使用功能条件下可按处理技术方案和协商文件进行验收，但不能作为轻视质量而回避责任的一种出路，这是应该特别注意的。

(5)通过返修或加固仍不能满足安全使用要求的分部工程、单位(子单位)工程，严禁验收。

九、建筑工程施工质量验收的程序和组织

(一)检验批及分项工程的验收程序与组织

检验批由专业监理工程师组织项目专业质量检验员等进行验收;分项工程由专业监理工程师组织项目专业技术负责人等进行验收。

检验批和分项工程是建筑工程施工质量基础,因此,所有检验批和分项工程均应由监理工程师或建设单位项目技术负责人组织验收。验收前,施工单位先填好"检验批和分项工程的验收记录"(有关监理记录和结论不填),并由项目专业质量检验员和项目专业技术负责人分别在检验批和分项工程质量检验记录中相关栏目中签字,然后由监理工程师组织,严格按规定程序进行验收。

(二)分部工程的验收程序与组织

分部工程应由总监理工程师(建设单位项目负责人)组织施工单位项目负责人和项目技术、质量负责人等进行验收;由于地基基础、主体结构技术性能要求严格,技术性强,关系着整个工程的安全,因此规定与地基基础、主体结构分部工程相关的勘察、设计单位工程项目负责人和施工单位技术、质量部门负责人也应参加相关分部工程验收。

(三)单位(子单位)工程的验收程序与组织

1.竣工初验收的程序

当单位工程达到竣工验收条件后,施工单位应在自查、自评工作完成后,填写工程竣工报验单,并将全部竣工资料报送项目监理机构,申请竣工验收。总监理工程师应组织各专业监理工程师对竣工资料及各专业工程的质量情况进行全面检查,对检查出的问题,应督促施工单位及时整改。对需要进行功能试验的项目(包括单机试车和无负荷试车),监理工程师应督促施工单位及时进行试验,并对重要项目进行监督、检查,必要时请建设单位和设计单位参加;监理工程师应认真审查试验报告单并督促施工单位搞好成品保护和现场清理。

经项目监理机构对竣工资料及实物全面检查、验收合格后,由总监理工程师签署工程竣工报验单,并向建设单位提出质量评估报告。

2.正式验收

建设单位收到工程验收报告后,应由建设单位(项目)负责人组织施工(含分包单位)、设计、监理等单位(项目)负责人进行单位(子单位)工程验收。单位工程由分包单位施工时,分包单位对所承包的工程项目应按规定的程序检查评定,总包单位应派人参加。分包工程完成后,应将工程有关资料交总包单位。建设工程经验收合格的,方可交付使用。

建设工程竣工验收应当具备下列条件:①完成建设工程设计和合同约定的各项内容;②有完整的技术档案和施工管理资料;③有工程使用的主要建筑材料、建筑构配件和设备的进场试验报告;④有勘察、设计、施工、工程监理等单位分别签署的质量合格文件;⑤有施工单位签署的工程保修书。

在一个单位工程中,对满足生产要求或具备使用条件,施工单位已预验,监理工程师已初验通过的子单位工程,建设单位可组织进行验收。有几个施工单位负责施工的单位工程,当其中的施工单位所负责的子单位工程已按设计完成,并经自行检验,也可组织正式验收,办理交工手续。在整个单位工程进行全部验收时,已验收的子单位工程验收资料应作为单位工程验

收的附件。

在竣工验收时,对某些剩余工程和缺陷工程,在不影响交付的前提下,经建设单位、设计单位、施工单位和监理单位协商,施工单位应在竣工验收后的限定时间内完成。

参加验收各方对工程质量验收意见不一致时,可请当地建设行政主管部门或工程质量监督机构协调处理。

(四)单位工程竣工验收备案

单位工程质量验收合格后,建设单位应在规定时间内将工程竣工验收报告和有关文件报建设行政管理部门备案。

(1)凡在中华人民共和国境内新建、扩建、改建各类房屋建筑工程和市政基础设施工程的竣工验收,均应按有关规定进行备案。

(2)国务院建设行政主管部门和有关专业部门负责全国工程竣工验收的监督管理工作。县级以上地方人民政府建设行政主管部门负责本行政区域内工程的竣工验收备案管理工作。

任务四　工程质量统计方法

 工作步骤

> 步骤一　针对工程中出现的混凝土蜂窝麻面的现象,采用排列图法进行质量统计分析
> 步骤二　针对工程中出现的抹灰问题,采用因果分析图法进行质量统计分析
> 步骤三　针对工程中出现的砌筑工程质量问题,进行质量统计分析

 知识链接

一、统计调查表法

统计调查表法又称统计调查分析法,它是利用专门设计的统计表对质量数据进行收集、整理和粗略分析质量状态的一种方法。

在质量活动中,利用统计调查表收集数据,简便灵活,便于整理,实用有效。它没有固定格式,可根据需要和具体情况,设计出不同统计调查表。常用的有以下几种:①分项工程作业质量分布调查表;②不合格项目调查表;③不合格原因调查表;④施工质量检查评定用调查表等。

统计调查表同分层法结合起来应用,可以更好、更快地找出问题的原因,以便采取改进的措施。

【例4－1】 某工程人员对混凝土外观质量和尺寸偏差的调查见表4－1。

表 4-1　混凝土外观质量和尺寸偏差调查表

分部分项工程名称	地梁混凝土	操作班组	
生产时间		检查时间	
检查方式和数量		检查员	
检查项目名称	检查记录		合计
漏筋	正		5
蜂窝	正正		10
裂缝	一		1
尺寸偏差	正正		10
总计			26

二、分层法

分层法又叫分类法,是将调查收集的原始数据,根据不同的目的和要求,按某一性质进行分组、整理的分析方法。

常用的分层标志有以下几种:①按操作班组或操作者分层;②按使用机械设备型号分层;③按操作方法分层;④按原材料供应单位、供应时间或等级分层;⑤按施工时间分层;⑥按检查手段、工作环境分层。

【例 4-2】　某钢筋焊接质量调查数据如下:调查点 100 个,其中不合格的有 25 个,不合格率为 25%。分析如何提高钢筋焊接质量。

解:

经查明,这批钢筋是由 A、B、C 三个工人进行焊接的,采用同样的焊接工艺,焊条由两个厂家提供。采用分层法进行分析,可按焊接操作者和焊条供应厂家进行分层,见表 4-2 和表 4-3。

表 4-2　按焊接操作者分层

操作者	不合格	合格	不合格率
A	15	35	30%
B	6	25	19%
C	4	15	21%
合计	25	75	25%

表 4-3　按焊接供应厂家分层

供应厂家	不合格	合格	不合格率
甲	10	35	22%
乙	15	40	27%
合计	25	75	25%

从表中得知,操作者 B 的操作水平较高,工厂甲的焊条质量较好。

分层法是质量控制统计分析方法中最基本的一种方法。其他统计方法一般都要与分层法配合使用,如排列图法、直方图法、控制图法、相关图法等,常常是首先利用分层法将原始数据分门别类,然后再进行统计分析的。

三、排列图法

排列图法是利用排列图寻找影响质量主次因素的一种有效方法。排列图又称帕累托图或主次因素分析图,它是由两个纵坐标、一个横坐标、几个连起来的直方形和一条曲线所组成。左侧的纵坐标表示产品频数,右侧纵坐标表示累计频率,横坐标表示影响质量的各个因素或项目,按影响质量程度大小从左到右排列,底宽相同,直方形的高度表示该因素的影响大小。

下面结合案例说明排列图的绘制。

【例 4 - 3】 某工地现浇混凝土构件尺寸质量检查结果整理后见表 4 - 4。为改进并保证质量,应对这些不合格点进行分析,以便找出混凝土构件尺寸质量的薄弱环节。

解:

(1)收集整理数据。收集整理混凝土构件尺寸各项目不合格点的数据资料,见表 4 - 4。

表 4 - 4 不合格点项目频数频率统计表

序号	项目	频数	频率/%	累计频率/%
1	截面尺寸	65	61	61
2	轴线位置	20	19	80
3	垂直度	10	9	89
4	标高	8	8	97
5	其他	3	3	100
合计		106	100	

(2)绘制排列图。排列图的绘制步骤如下:

①画横坐标。将横坐标按项目数等分,并按项目数从大到小的顺序由左至右排列,该例中横坐标分为五等份。

②画纵坐标。左侧的纵坐标表示项目不合格点数即频数,右侧纵坐标表示累计频率。要求纵频数对应累计频率100%。

③画频数直方形。以频数为高画出各项目的直方形。

④画累计频率曲线。从横坐标左端点开始,依次连接各项目直方形右边线及所对应的累计频率值的交点,所得的曲线即为累计频率曲线。

本例中混凝土构件尺寸不合格点的排列图,如图 4 - 1 所示。

(3)排列图的观察与分析。

①观察直方形。排列图中的每个直方形都表示一个质量问题或影响因素。影响程度与各直方形的高度成正比。

②确定主次因素。实际应用中,通常利用 A、B、C 分区法进行确定,按累计频率划分为(0~80%)、(80~90%)、(90~100%)三部分,与其对应的影响因素分别为 A、B、C 三类。A 类为主要因素,是重点要解决的对象;B 类为次要因素;C 类为一般因素,不作为解决的重点。

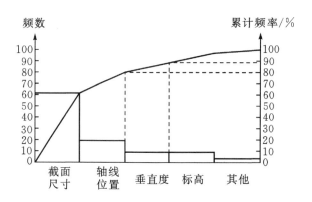

图 4-1　混凝土构件尺寸不合格点排列图

本例中,累计频率曲线所对应的 A、B、C 三类影响因素分别如下:A 类即主要因素是截面尺寸、轴线位置,B 类即次要因素是垂直度,C 类即一般因素有标高和其他项目。综上分析结果,下面应重点解决 A 类等质量问题。

(4)排列图的应用。排列图可以形象、直观的反映主次因素,其主要应用有如下:

①按不合格点的因素分类,可以判断造成质量问题的主要因素,找出工作中的薄弱环节。

②按生产作业分类,可以找出生产不合格品最多的关键工序,进行重点控制。

③按生产班组或单位分类,可以分析比较各单位技术水平和质量管理水平。

④将采取提高质量措施前后的排列图对比,可以分析措施是否有效。

四、因果分析图法

因果分析图法是利用因果分析图来系统整理分析某个质量问题(结果)与其影响因素之间的关系,采取措施解决存在的质量问题的方法。因果分析图也称特性要因图,又因其形状被称为树枝图或鱼刺图。

(1)因果分析图的基本形式如图 4-2 所示。从图 4-2 可见,因果分析图由质量特性(即质量结果,指某个质量问题)、要因(指产生质量问题的主要原因)、枝干(指一系列箭线表示不同层次的原因)、主干(指较粗的直接指向质量结果的水平箭线)等组成。

(2)因果分析图的绘制。因果分析图的绘制步骤与图中箭头方向相反,是从"结果"开始将原因逐层分解的,具体步骤如下:

①明确质量问题—结果。作图时首先由左至右画出一条水平主干线,箭头指向一个矩形框,框内注明研究的问题,即结果。

②分析确定影响质量特性的大方面的原因。一般来说,影响质量因素有五大方面,即人、机械、材料、方法和环境。另外还可以按产品的生产过程进行分析。

③将每种大原因进一步分解为中原因、小原因,直至分解的原因可以采取具体措施加以解决为止。

④检查图中的所列原因是否齐全,可以对初步分析结果广泛征求意见,并做必要补充及修改。

⑤选出影响大的关键因素,作出标记"△",以便重点采取措施。

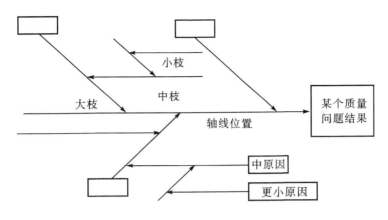

图 4-2 因果分析图的基本形式

五、直方图法

直方图法即频数分布直方图法,它是将收集到的质量数据进行分组整理,绘制成频数分布直方图,用以描述质量分布状态的一种分析方法,所以又称质量分布图法。通过直方图的观察与分析,可以了解产品质量的波动情况,掌握质量特性的分布规律,以便对质量状况进行分析判断、评价工作过程能力等。

【例 4-4】 某工程项目浇筑 C20 混凝土,为对其抗压强度进行质量分析,共收集了 50 份抗压强度试验报告单,试用直方图法进行质量分析。

解:

(1)收集整理数据。用随机抽样的方法抽取数据并整理,见表 4-5。

表 4-5 数据整理表(N/mm²)

序号	抗压强度数据					最大值	最小值
1	23.9	21.7	24.5	21.8	25.3	25.3	21.7
2	25.1	23	23.1	23.7	23.6	25.1	23
3	22.9	21.6	21.2	23.8	23.5	23.8	21.2
4	22.8	25.7	23.2	21	23	25.7	21
5	22.7	24.6	23.3	24.8	22.9	24.8	22.9
6	22.6	25.8	23.5	23.7	22.8	25.8	22.6
7	24.3	24.4	21.9	22.2	27	27	21.9
8	26	24.2	23.4	24.9	22.7	26	22.7
9	25.2	24.1	25.0	22.3	25.9	25.9	22.3
10	23.9	24	22.4	25.0	23.7	25.0	22.4

注:一般要求收集数据在 50 个以上才具备代表性。

(2)计算极差 R。极差 R 是数据中最大值和最小值之差。

$$X_{\min} = 21 \text{ N/mm}^2$$

$$X_{max} = 27 \text{ N/mm}^2$$
$$R = X_{max} - X_{min} = 27 - 21 = 6 (\text{N/mm}^2)$$

（3）对数据分组，确定组数 K、组距 H 和组限。

①确定组数的原则是分组的结果能正确地反映数据的分布规律。组数应根据数据多少来确定。组数过少，会掩盖数据的分布规律；组数过多，使数据过于零乱分散，也不能显示出质量分布状况。本例中 $K=7$。

②确定组距 H，组距是组与组之间的间隔，也即一个组的范围，各组距应相等，于是有：

$$极差 \approx 组距 \times 组数$$

即

$$R \approx H \cdot K$$

本例中：$H = R/K = 6/7 = 0.85 \approx 1 \text{ N/mm}^2$

③确定组限。每组的最大值为上限，最小值为下限，上、下限统称组限。

本例采取第一种办法划分组限，即每组上限不计入该组内。

第一组上限：$X_{min} - H/2 = 21 - 1/2 = 20.5$

第一组下限：$20.5 + H = 20.5 + 1 = 21.5$

第二组上限 = 第一组下限 = 21.5

第二组下限：$21.5 + 1 = 22.5$

以此类推，最高组限为 26.5～27.5，分组结果覆盖了全部数据。

（4）编制数据频数统计表。统计各组频数，频率总和应等于全部数据个数。本项目频数统计结果见表 4-6。

表 4-6　频数（频率）分布表

组号	组限（N/mm²）	频数
1	20.5～21.5	2
2	21.5～22.5	7
3	22.5～23.5	13
4	23.5～24.5	14
5	24.5～25.5	9
6	25.5～26.5	4
7	26.5～27.5	1
合计		50

从表 4-6 中可以看出，浇筑 C20 混凝土 50 个试块的抗压强度是各不相同的，这说明质量特性值是有波动的。为了更直观、更形象地表现质量特征值的这种分布规律，应进一步绘制出直方图。

（5）绘制直方图。直方图可分为频数直方图、频率直方图、频率密度直方图三种，最常见的是频数直方图。

在频数分布直方图中，横坐标表示质量特征值，纵坐标表示频数。根据表 4-6 可以画出以组距为底，以频数为高的 K 个直方图，得到混凝土强度的频数分布直方图，如图 4-3 所示。

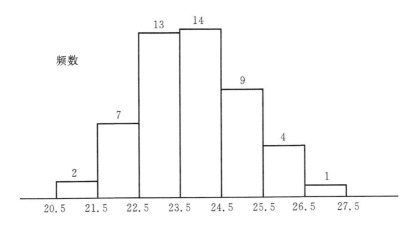

图 4-3　混凝土强度分布直方图

（6）直方图的观察与分析。根据直方图的形状来判断质量分布状态，正常型的直方图是中间高，两侧低，左右基本对称的图形，这是理想的质量控制结果；出现非正常型直方图时，表明生产过程或收集数据作图方法有问题，这就要求进一步分析判断，找出原因，从而采取措施加以纠正。凡属非正常型直方图，其图形分布有各种不同缺陷，归纳起来一般有五种类型，即：①折齿型，②缓坡型，③孤岛型，④双峰型，⑤绝壁型。

（7）将直方图与质量标准比较，判断实际生产过程能力。

项目习题

1.质量分析常用的方法有几种？结合工程实例分析工程质量。

2.某合同钻孔桩的工程情况是：直径为 1.0 m 的共计长 1 501 m；直径为 1.2 m 的共计长 8 178 m；直径为 1.3 m 的共计 2 017 m。原合同规定选择直径 1.0 m 的钻孔桩做静载破坏性试验，且原工程量清单中仅有直径为 1.0 m 的钻孔桩静载破坏性试验的价格。试分析选用原合同规定是否合理？

项目五
建设工程合同管理

学习目标

知识目标 掌握建设工程合同的概念、特点;专业合同(包括勘察设计合同、施工合同、工程监理合同)及其示范文本的组成;构成专业合同的文件和优先解释顺序;建设工程施工合同通用条款的主要内容;建设主体各方对建设工程施工合同的管理;熟悉订立合同的条件和程序及注意事项。

能力目标 能够有效地将所学理论、技术和方法应用于分析、解决建设工程合同订立、履行过程中合同管理主要问题及相关问题,具备独立编制主要专业合同文件的能力。

案例导入

某高速公路项目由于业主高架桥修改设计,监理工程师下令承包商工程暂停一个月。试分析在这种情况下,承包商可索赔哪些费用?

分析:

可索赔如下费用:

(1)人工费:对于不可辞退的工人,索赔人工窝工费,应按人工工日成本计算;对于可以辞退的工人,可索赔人工上涨费。

(2)材料费:可索赔超期储存费用或材料价格上涨费。

(3)施工机械使用费:可索赔机械窝工费或机械台班上涨费。自有机械窝工费一般按台班折旧费索赔;租赁机械一般按实际租金和调进调出的分摊费计算。

(4)分包费用:是指由于工程暂停分包商向总包索赔的费用。总包向业主索赔应包括分包商向总包索赔的费用。

(5)现场管理费:由于全面停工,可索赔增加的工地管理费。可按日计算,也可按直接成本的百分比计算。

(6)保险费:可索赔延期一个月的保险费,按保险公司保险费率计算。

(7)保函手续费:可索赔延期一个月的保函手续费,按银行规定的保函手续费率计算。

(8)利息:可索赔延期一个月增加的利息支出,按合同约定的利率计算。

(9)总部管理费:由于全面停工,可索赔延期增加的总部管理费,可按总部规定的百分比计算。如果工程只是部分停工,监理工程师可能不同意总部管理费的索赔。

任务一　编制建设工程勘察设计合同

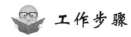 **工作步骤**

    步骤一　编制工程勘察合同
    步骤二　编制工程设计合同

知识链接

建筑工程合同作为经济合同的一种,是发包单位和承包单位为完成工程建设项目的目标以及相关的具体内容、明确相互权利与义务的协议,合理分摊承发包双方的责任风险。加强建筑工程合同管理,规范、完善工程合同,有利于在工程建设中,做好建筑工程的质量、进度、投资三大控制。

一、建设工程勘察设计合同概述

工程勘察和设计是工程建设活动中必不可少的程序。建设工程在施工之前,必须要查明、分析、评价建设场地的地质、地理、环境特征和岩土工程条件,还要对建设工程所需的技术、经济、资源、环境等条件进行综合分析和论证。根据建筑工程的要求所进行的上述活动就是工程勘察和设计。建设工程勘察设计合同是委托方与承包方为完成一定的勘察设计任务,明确相互权利和义务关系的协议。

二、建设工程勘察设计合同的订立

(一)订立条件

1.当事人条件

(1)双方都应是法人或者其他组织;

(2)承包商必须具有完成签约项目等级相应的勘察、设计资质;

(3)承包商具有承揽建设工程勘察、设计任务所必须具有的相应的权利能力和行为能力。

2.委托勘察设计的项目必须具备的条件

(1)建设工程项目可行性研究报告或项目建议书已获批准;

(2)已办理了建设用地规划许可证等手续;

(3)法律、法规规定的其他条件。

3.工程项目勘察设计任务委托方式的限定条件

建设工程勘察设计任务有招标委托和直接委托两种方式。但依法必须进行招标的项目,必须是通过招标投标的方式来委托,否则所签订的勘察设计合同无效。

(二)勘察设计合同签订前的当事人资信与能力审查

合同当事人的资信及履约能力是合同能否得到履行的保证。在签约前,双方都有必要审查对方的资信和能力。

1.资格审查

审查当事人是否属于经国家规定的审批程序成立的法人组织,有无法人章程和营业执照,其经营活动是否超过章程或营业执照规定的范围。同时还要审查参加签订合同的人员,是否是法定代表人或其委托的代理人,以及代理人的活动是否在授权代理范围内。

2.资信审查

审查当事人的资信情况,可以了解当事人的财务状况和履约态度,以确保所签订的合同是基于诚实信用的。

3.履约能力审查

履约能力审查主要审查勘察设计单位的专业业务能力。通过审查勘察设计单位的勘察设计证书,按设计单位的级别可以了解其业务的规格和范围,同时还可了解该勘察设计单位以往的工作实绩及正在履行的合同量。发包人履约能力主要是指其财务状况和建设资金到位情况。

(三)合同签订的程序

必须依法进行招标的建设工程的勘察设计任务,通过招标或设计方案的竞投确定勘察设计单位后,应遵循工程项目建设程序,签订勘察设计合同。

1.确定合同标的

合同标的是合同的中心。这里所谓的确定合同标的主要是决定勘察设计分开发包还是合在一起发包。

2.选定勘察设计承包人

依法必须招标的项目,按招标投标程序优选出的中标人即为勘察设计的承包人。小型项目及依法可以不招标的项目由发包人直接选定勘察设计的承包人。

3.商签勘察设计合同

如果是通过招标方式确定承包商的,则由于合同的主要条件都在招标、投标文件中得到了确认,所以进入签约阶段还需要协商的内容就不会很多。而通过直接委托方式委托的勘察设计,其合同的谈判就要涉及几乎所有的合同条款,所以双方必须认真对待。

经勘察设计合同的当事人双方友好协商,就合同的各项条款取得一致意见,且双方法定代表人或其代理人在合同文本上签字,并加盖公章后,合同生效。

任务二 编制建设工程施工合同

 工作步骤

> 步骤一 施工招标
> 步骤二 施工投标
> 步骤三 中标,签订施工合同

知识链接

造价是合同里的核心部分,合理确定和控制工程造价已成为发承包人双方最为关心话题之一,加强建设施工合同管理特别是对合同价款的约定、支付、索赔、结算的管理,对保障发承包人双方的合法经济利益,有着十分重要的意义。

一、建设工程施工合同的概念和特点

(一)建设工程施工合同的概念

建设工程施工合同是发包人(建设单位、业主或总包单位)与承包人(施工单位)之间为完成商定的建设工程项目,确定双方权利和义务的协议。建设工程施工合同也称为建筑安装承包合同,建筑是指对工程进行营造的行为,安装主要是指与工程有关的线路、管道、设备等设施的装配。依照施工合同,承包人应完成一定的建筑、安装工程任务,发包人应提供必要的施工条件并支付工程价款。

建筑工程施工合同是建筑工程合同中最重要,也是最复杂的合同。它在工程项目中的持续时间长,标的物特殊,价格高。在整个建筑工程合同体系中,它起着主干合同的作用。施工合同和其他建设工程合同一样,是一种双务合同,在订立时也应遵循自愿、公平、诚实信用等原则。

建设工程施工合同是建设工程的主要合同,是工程建设质量控制、进度控制、投资控制的主要依据。在市场经济条件下,建设市场主体之间相互的权利义务关系主要是通过合同确立的,因此,在建设领域加强对施工合同的管理具有十分重要的意义。

施工合同的当事人是发包人和承包人,双方是平等的民事主体,双方签订施工合同,必须具备相应资质条件和履行施工合同的能力。

发包人是指在协议书中约定、具有工程发包主体资格和支付工程价款能力的当事人以及取得该当事人资格的合法继承人;可以是具备法人资格的国家机关、事业单位、国有企业、集体企业、私营企业、经济联合体和社会团体,也可以是依法登记的个人合伙、个体经营户或个人,即一切以协议、法院判决或其他合法完备手续取得发包人的资格,承认全部合同条件,能够而且愿意履行合同规定义务的合同当事人。与发包人合并的单位、兼并发包人的单位、购买发包人合同和接受发包人出让的单位和人员(合法继承人),均可成为发包人,履行合同规定的义务,享有合同规定的权利。发包人必须具备组织协调能力或委托给具备相应资质的监理单位承担。

承包人是指在协议书中约定、被发包人接受的具有工程施工承包主体资格的当事人以及取得该当事人资格的合法继承人。承包人必须具备有关部门核定的资质等级并持有营业执照等证明文件。《建筑法》第13条规定:建筑施工企业按照其拥有的注册资本、专业技术人员、技术装备和已完成的建筑工程业绩等资质条件,划分为不同的资质等级,经资质审查合格,取得相应等级的资质证书后,方可在其资质等级许可的范围内从事建筑活动。

在施工合同实施过程中,工程师受发包人委托对工程进行管理。施工合同中的工程师是指本工程监理单位委派的总监理工程师或发包人指定的履行本合同的代表,其具体身份和职权由发包人与承包人在专用条款中约定。

(二)建设工程施工合同的特点

1.合同标的物的特殊性

施工合同的标的物是特定建筑产品,不同于其他一般商品。首先,建筑产品的固定性和施工生产的流动性是区别于其他商品的根本特点。建筑产品是不动产,其基础部分与大地相连,不能移动,这就决定了每个施工合同相互之间具有不可替代性,而且施工队伍、施工机械必须围绕建筑产品不断移动。其次,由于建筑产品各有其特定的功能要求,其实物形态千差万别,种类庞杂,其外观、结构、使用目的、使用人都各不相同,这就要求每一个建筑产品都需单独设计和施工,即使可重复利用的标准设计或重复使用图纸,也应采取必要的修改设计才能施工,造成建筑产品的单体性和生产的单件性。再次,建筑产品体积庞大,消耗的人力、物力、财力多,一次性投资额大。所有这些特点,必然在施工合同中表现出来,使得施工合同在明确标的物时,需要将建筑产品的幢数、面积、层数或高度、结构特征、内外装饰标准和设备安装要求等一一规定清楚。

2.合同内容的多样性和复杂性

施工合同实施过程中涉及的主体有多种,且其履行期限长、标的数额大。涉及的法律关系,除承包人与发包人的合同关系外,还涉及与劳务人员的劳动关系、与保险公司的保险关系、与材料设备供应商的买卖关系、与运输企业的运输关系,还涉及监理单位、分包人、保证单位等。施工合同除了应当具备合同的一般内容外,还应对安全施工、专利技术使用、地下障碍和文物发现、工程分包、不可抗力、工程设计变更、材料设备供应、运输和验收等内容作出规定。所有这些,都决定了施工合同的内容具有多样性和复杂性的特点,要求合同条款必须具体明确和完整。

3.合同履行期限的长期性

由于建设工程结构复杂、体积大、材料类型多、工作量大,使得工程生产周期都较长。因为工程建设的施工应当在合同签订后才开始,且需加上合同签订后到正式开工前的施工准备时间和工程全部竣工验收后、办理竣工结算及保修时间。在工程的施工过程中,还可能因为不可抗力、工程变更、材料供应不及时、一方违约等原因而导致工期延误,因而施工合同的履行期限具有长期性,变更较频繁,合同争议和纠纷也比较多。

4.合同监督的严格性

由于施工合同的履行对国家经济发展、公民的工作与生活都有重大的影响,因此,国家对施工合同的监督是十分严格的。具体表现在以下几个方面:

(1)对合同主体监督的严格性。建设工程施工合同的主体一般是法人。发包人一般是经过批准进行工程项目建设的法人,必须有国家批准的建设项目,落实投资计划,并且应当具备相应的协调能力;承包人则必须具备法人资格,而且应当具备相应的从事施工的资质。无营业执照或无承包资质的单位不能作为建设工程施工合同的主体,资质等级低的单位不能越级承包建设工程。

(2)对合同订立监督的严格性。订立建设工程施工合同必须以国家批准的投资计划为前提,即使是国家投资以外的、以其他方式筹集的投资也要受到当年的贷款规模和批准限额的限制,纳入当年投资规模的平衡,并经过严格的审批程序。建设工程施工合同的订立,还必须符合国家关于建设程序的规定。

考虑到建设工程的重要性和复杂性,在施工过程中经常会发生影响合同履行的各种纠纷,因此,《合同法》要求:建设工程施工合同应当采用书面形式。

(3)对合同履行监督的严格性。在施工合同的履行过程中,除了合同当事人应当对合同进行严格的管理外,合同的主管机关(工商行政管理部门)、建设主管部门、合同双方的上级主管部门、金融机构、解决合同争议的仲裁机关或人民法院,还有税务部门、审计部门及合同公证机关或签证机关等机构和部门,都要对施工合同的履行进行严格的监督。

(三)建设工程施工合同的订立

1.订立施工合同应具备的条件

订立施工合同应具备如下条件:

(1)初步设计已经批准;

(2)工程项目已经列入年度建设计划;

(3)有能够满足施工需要的设计文件和有关技术资料;

(4)建设资金和主要建筑材料设备来源已经落实;

(5)对于招投标工程,中标通知书已经下达。

2.订立施工合同应当遵守的原则

订立施工合同应当遵守如下原则:

(1)遵守国家法律、法规和国家计划原则。订立施工合同,必须遵守国家法律、法规,也应遵守国家的建设计划和其他计划(如贷款计划)。建设工程施工对经济发展、社会生活有多方面的影响,国家有许多强制性的管理规定,施工合同当事人都必须遵守。

(2)平等、自愿、公平的原则。签订施工合同当事人双方都具有平等的法律地位,任何一方都不得强迫对方接受不平等的合同条件。当事人有权决定是否订立合同和合同内容,合同内容应当是双方当事人真实意思的体现,合同内容还应当是公平的,不能单纯损害一方的利益。对于显失公平的施工合同,当事人一方有权申请人民法院或仲裁机构予以变更或撤销。

(3)诚实信用的原则。当事人订立施工合同应该诚实信用,不得有欺诈行为,双方应当如实将自身和工程的情况介绍给对方。在施工合同履行过程中,当事人也应守信用,严格履行合同。

3.订立施工合同的程序

施工合同的订立同样包括要约和承诺两个阶段。其订立方式有直接发包和招标发包两种。对于必须进行招标的建设项目,工程建设的施工都应通过招标投标确定承包人。

中标通知书发出后,中标人应当与招标人及时签订合同。《招标投标法》规定:招标人和中标人应当自中标通知书发出之日起 30 天内,按照招标文件和中标人的投标文件订立书面合同。招标人和中标人不得再行订立背离合同实质性内容的其他协议。

二、《建设工程施工合同》的主要内容

(一)《建设工程施工合同》文件的组成

除专用条款另有约定外,《建设工程施工合同》由下列文件组成:

(1) 双方签署的合同协议书。

(2) 中标通知书。

(3) 投标书及其附件。

（4）本合同专用条款。本合同专用条款是发包人与承包人根据法律、行政法规规定，结合具体工程实际，经协商达成一致意见的条款，是对通用条款的具体化、补充或修改。

（5）本合同通用条款。本合同通用条款是根据法律、行政法规规定及建设工程施工的需要订立，通用于建设工程施工的条款。它代表我国的工程施工惯例。

（6）本工程所适用的标准、规范及有关技术文件。在专用条款中有以下约定：

① 适用的我国国家标准、规范的名称。

② 没有国家标准、规范但有行业标准、规范的，则约定适用行业标准、规范的名称。

③ 没有国家和行业标准、规范的，则约定适用工程所在地的地方标准、规范的名称。发包人应按专用条款约定的时间向承包人提供一式两份约定的标准、规范。

④ 国内没有相应标准、规范的，由发包人按专用条款约定的时间向承包人提出施工技术要求，承包人按约定的时间和要求提出施工工艺，经发包人认可后执行。

⑤ 若发包人要求使用国外标准、规范的，应负责提供中文译本。所发生的购买和翻译标准、规范或制定施工工艺的费用，由发包人承担。

（7）图纸。图纸是指由发包人提供或由承包人提供并经发包人批准，满足承包人施工需要的所有图纸（包括配套说明和有关资料）。发包人应按专用条款约定的日期和套数，向承包人提供图纸。承包人需要增加图纸套数的，发包人应代为复制，复制费用由承包人承担。若发包人对工程有保密要求的，应在专用条款中提出，保密措施费用由发包人承担，承包人在约定保密期限内履行保密义务。承包人未经发包人同意，不得将本工程图纸转给第三人。工程质量保修期满后，除承包人存档需要的图纸外，应将全部图纸退还给发包人。承包人应在施工现场保留一套完整图纸，供工程师及有关人员进行工程检查时使用。

（8）工程量清单。

（9）工程报价单或预算书。

合同履行中，双方有关工程的洽商、变更等书面协议或文件视为本合同的组成部分。在不违反法律和行政法规的前提下，当事人可以通过协商变更合同的内容，这些变更的协议或文件的效力高于其他合同文件，且签署在后的协议或文件效力高于签署在先的协议或文件。

当合同文件内容含糊不清或不相一致时，在不影响工程正常进行的情况下，由发包人承包人协商解决。双方也可以提请负责监理的工程师作出解释。双方协商不成或不同意负责监理的工程师的解释时，按有关争议的约定处理。

施工合同文件使用汉语语言文字书写、解释和说明。如专用条款约定使用两种以上（含两种）语言文字时，汉语应为解释和说明施工合同的标准语言文字。在少数民族地区，双方可以约定使用少数民族语言文字书写和解释、说明施工合同。

（二）《建设工程施工合同（示范文本）》的组成

随着我国建设工程法律体系的日臻完善、项目管理模式的日益丰富、造价体制改革的日趋深入，1999 版施工合同越发不能适应工程市场环境的变化，具体表现为该版合同条件不能够满足工程量清单计价的需要、合同内容与新近法律规范存在冲突、当事人双方权利义务不尽公平以及合同风险分配不尽公平等几个方面的问题。

住房城乡建设部、国家工商行政管理总局对《建设工程施工合同（示范文本）》（GF－1999－0201）进行了修订，制定了《建设工程施工合同（示范文本）》（GF－2013－0201）（以下简称《示范文本》），并于 2013 年 7 月 1 日起正式实施。《示范文本》适用于房屋建筑工程、土木工程、线路管道和设备安装工程、装修工程等建设工程的施工承发包活动。《示范文本》为非强制性使用文本,合同当事人可结合建设工程具体情况,根据《示范文本》订立合同,并按照法律法规规定和合同约定承担相应的法律责任及合同权利义务。

新版《示范文本》由合同协议书、通用合同条款和专用合同条款三部分组成,并包括了11个附件。

1. 合同协议书

《示范文本》合同协议书共计13条,主要包括:工程概况、合同工期、质量标准、签约合同价和合同价格形式、项目经理、合同文件构成、承诺以及合同生效条件等重要内容,集中约定了合同当事人基本的合同权利义务。

2. 通用合同条款

详见下面“三、《建设工程施工合同》通用条款的内容”。

3. 专用合同条款

专用合同条款是对通用合同条款原则性约定的细化、完善、补充、修改或另行约定的条款。合同当事人可以根据不同建设工程的特点及具体情况,通过双方的谈判、协商对相应的专用合同条款进行修改补充。在使用专用合同条款时,应注意以下事项:

(1)专用合同条款的编号应与相应的通用合同条款的编号一致;

(2)合同当事人可以通过对专用合同条款的修改,满足具体建设工程的特殊要求,避免直接修改通用合同条款;

(3)在专用合同条款中有横道线的地方,合同当事人可针对相应的通用合同条款进行细化、完善、补充、修改或另行约定;如无细化、完善、补充、修改或另行约定,则填写“无”或划“/”。

4. 附件

《示范文本》包括了11个附件,分别为协议书附件:承包人承揽工程项目一览表;专用合同条款附件:发包人供应材料设备一览表、工程质量保修书、主要建设工程文件目录、承包人用于本工程施工的机械设备表、承包人主要施工管理人员表、分包人主要施工管理人员表、履约担保格式、预付款担保格式、支付担保格式、暂估价一览表。

三、《建设工程施工合同》通用条款的内容

(一)通用条款的组成

通用合同条款是合同当事人根据《建筑法》、《合同法》等法律法规的规定,就工程建设的实施及相关事项,对合同当事人的权利义务作出的原则性约定。

通用合同条款共计20条,具体条款分别为:一般约定、发包人、承包人、监理人、工程质量、安全文明施工与环境保护、工期和进度、材料与设备、试验与检验、变更、价格调整、合同价格、计量与支付、验收和工程试车、竣工结算、缺陷责任与保修、违约、不可抗力、保险、索赔和争议解决。涉及的内容详见表5-1。前述条款安排既考虑了现行法律规范对工程建设的有关要求,也考虑了建设工程施工管理的特殊需要。

表 5 - 1 《建设工程施工合同》通用条款内容

各部分内容	各条款内容	
1. 一般约定	1.1 词语定义与解释 1.2 语言文字 1.3 法律 1.4 标准和规范 1.5 合同文件的优先顺序 1.6 图纸和承包人文件 1.7 联络	1.8 严禁贿赂 1.9 化石、文物 1.10 交通运输 1.11 知识产权 1.12 保密 1.13 工程量清单错误的修正
2. 发包人	2.1 许可或批准 2.2 发包人代表 2.3 发包人人员 2.4 施工现场、施工条件和基础资料的提供	2.5 资金来源证明及支付担保 2.6 支付合同价款 2.7 组织竣工验收 2.8 现场统一管理协议
3. 承包人	3.1 承包人的一般义务 3.2 项目经理 3.3 承包人人员 3.4 承包人现场查勘	3.5 分包 3.6 工程照管与成品、半成品保护 3.7 履约担保 3.8 联合体
4. 监理人	4.1 监理人的一般规定 4.2 监理人员	4.3 监理人的指示 4.4 商定或确定
5. 工程质量	5.1 质量要求 5.2 质量保证措施 5.3 隐蔽工程检查	5.4 不合格工程的处理 5.5 质量争议检测
6. 安全文明施工与环境保护	6.1 安全文明施工 6.2 职业健康	6.3 环境保护
7. 工期和进度	7.1 施工组织设计 7.2 施工进度计划 7.3 开工 7.4 测量放线 7.5 工期延误	7.6 不利物质条件 7.7 异常恶劣的气候条件 7.8 暂停施工 7.9 提前竣工
8. 材料与设备	8.1 发包人供应材料与工程设备 8.2 承包人采购材料与工程设备 8.3 材料与工程设备的接收与拒收 8.4 材料与工程设备的保管与使用 8.5 禁止使用不合格的材料和工程设备	8.6 样品 8.7 材料与工程设备的替代 8.8 施工设备和临时设施 8.9 材料与设备专用要求
9. 试验与检验	9.1 试验设备与试验人员 9.2 取样	9.3 材料、工程设备和工程的试验和检验 9.4 现场工艺试验
10. 变更	10.1 变更的范围 10.2 变更权 10.3 变更程序 10.4 变更估价 10.5 承包人的合理化建议	10.6 变更引起的工期调整 10.7 暂估价 10.8 暂列金额 10.9 计日工
11. 价格调整	11.1 市场价格波动引起的调整	11.2 法律变化引起的调整
12. 合同价格、计量与支付	12.1 合同价格形式 12.2 预付款 12.3 计量	12.4 工程进度款支付 12.5 支付账户

各部分内容	各条款内容	
13. 验收和工程试车	13.1 分部分项工程验收 13.2 竣工验收 13.3 工程试车	13.4 提前交付单位工程的验收 13.5 施工期运行 13.6 竣工退场
14. 竣工结算	14.1 竣工结算申请 14.2 竣工结算审核	14.3 甩项竣工协议 14.4 最终结清
15. 缺陷责任与保修	15.1 工程保修的原则 15.2 缺陷责任期	15.3 质量保证金 15.4 保修
16. 违约	16.1 发包人违约 16.2 承包人违约	16.3 第三人造成的违约
17. 不可抗力	17.1 不可抗力的确认 17.2 不可抗力的通知	17.3 不可抗力后果的承担 17.4 因不可抗力解除合同
18. 保险	18.1 工程保险 18.2 工伤保险 18.3 其他保险 18.4 持续保险	18.5 保险凭证 18.6 未按约定投保的补救 18.7 通知义务
19. 索赔	19.1 承包人的索赔 19.2 对承包人索赔的处理 19.3 发包人的索赔	19.4 对发包人索赔的处理 19.5 提出索赔的期限
20. 争议解决	20.1 和解 20.2 调解 20.3 争议评审	20.4 仲裁或诉讼 20.5 争议解决条款效力

(二)通用条款的主要内容

1. 关于质量控制的条款

工程施工中的质量控制是合同履行中的重要环节。施工合同的质量控制涉及许多方面的因素,任何一个方面的缺陷和疏漏,都会使工程质量无法达到预期的标准。承包人应按照合同约定的标准、规范、图纸、质量等级以及工程师发布的指令认真施工,并达到合同约定的质量等级。在施工过程中,承包人要随时接受工程师对材料、设备、中间部位、隐蔽工程、竣工工程等质量的检查、验收与监督。

(1)工程质量标准。工程质量应当达到协议书约定的质量标准。质量标准的评定以国家或专业的质量检验评定标准为依据。因承包人原因工程质量达不到约定的质量标准,由承包人承担违约责任。发包人对部分或全部工程质量有特殊要求的,应支付由此增加的追加合同价款(在专用条款中写明计算方法),对工期有影响的应给予相应顺延。

双方对工程质量有争议,由双方同意的工程质量检测机构鉴定,所需费用及因此造成的损失,由责任方承担。双方均有责任,由双方根据其责任分别承担。

(2)检查和返工。在工程施工过程中,工程师及其委派人员对工程的检查检验,是一项日常工作和重要职能。承包人应认真按照标准、规范和设计图纸要求以及工程师依据合同发出的指令施工,随时接受工程师的检查检验,为检查检验提供便利条件。工程质量达不到约定标准的部分,工程师一经发现,应要求承包人拆除和重新施工,承包人应按工程师的要求拆除和重新施工,直到符合约定标准。因承包人原因达不到约定标准,由承包人承担拆除和重新施工的费用,工期不予顺延。

工程师的检查检验不应影响施工正常进行,如影响施工正常进行,检查检验不合格时,影响正常施工的费用由承包人承担。除此之外影响正常施工的追加合同价款由发包人承担,相应顺延工期。

因工程师指令失误或其他非承包人原因发生的追加合同价款,由发包人承担。以上检查检验合格后,又发现由承包人原因引起的质量问题,仍由承包人承担责任和发生的费用,赔偿发包人的直接损失,工期不予顺延。

(3)隐蔽工程和中间验收。由于隐蔽工程在施工中一旦完成隐蔽,很难再对其进行质量检查(这种检查成本很大),因此必须在隐蔽前进行检查验收。对于中间验收,双方可在专用条款中约定验收的单项工程和部位的名称、验收的时间、操作程序和要求,以及发包人应该提供的便利条件等。

工程具备隐蔽条件或达到专用条款约定的中间验收部位,承包人进行自检,并在隐蔽或中间验收前48小时以书面形式通知工程师验收。通知包括隐蔽和中间验收的内容、验收时间和地点。承包人准备验收记录,验收合格,工程师在验收记录上签字后,承包人方可进行隐蔽和继续施工。验收不合格,承包人在工程师限定的时间内修改后重新验收。

工程师不能按时进行验收,应在验收前24小时以书面形式向承包人提出延期要求,延期不能超过48小时。工程师未能按以上时间提出延期要求,不进行验收,承包人可自行组织验收,工程师应承认验收记录。经工程师验收,工程质量符合标准、规范和设计图纸等的要求,验收24小时后,工程师不在验收记录上签字,视为工程师已经认可验收记录,承包人可进行隐蔽或继续施工。

(4)重新检验。无论工程师是否进行验收,当其提出对已经隐蔽的工程重新检验的要求时,承包人应按要求进行剥离或开孔,并在检验后重新覆盖或修复。检验合格,发包人承担由此发生的全部追加合同价款,赔偿承包人损失,并相应顺延工期。检验不合格,承包人承担发生的全部费用,工期不予顺延。

(5)工程试车。双方约定需要试车的,应当组织试车。试车内容应与承包人承包的安装范围相一致。

①单机无负荷试车。设备安装工程具备单机无负荷试车条件,由承包人组织试车,并在试车前48小时以书面形式通知工程师。通知包括试车内容、时间、地点。承包人准备试车记录。发包人根据承包人要求为试车提供必要条件。试车合格,工程师在试车记录上签字。只有单机试运转达到规定要求,才能进行联试。工程师不能按时参加试车,须在开始试车前24小时以书面形式向承包人提出延期要求,延期不能超过48小时。工程师未能按以上时间提出延期要求,不参加试车,承包人可自行组织试车,工程师应承认试车记录。

②联动无负荷试车。设备安装工程具备无负荷联动试车条件,发包人组织试车,并在试车前48小时以书面形式通知承包人。通知包括试车内容、时间、地点和对承包人的要求。承包人按要求做好准备工作。试车合格,双方在试车记录上签字。

③投料试车。投料试车应在工程竣工验收后由发包人负责。如发包人要求在工程竣工验收前进行或需要承包人配合时,应当征得承包人同意,双方另行签订补充协议。

双方责任如下:

①由于设计原因试车达不到验收要求,发包人应要求设计单位修改设计,承包人按修改后的设计重新安装。发包人承担修改设计、拆除及重新安装的全部费用和追加合同价款,工期相应顺延。

②由于设备制造原因试车达不到验收要求,由该设备采购一方负责重新购置或修理,承包人负责拆除和重新安装。设备由承包人采购的,由承包人承担修理或重新购置、拆除及重新安装的费用,工期不予顺延;设备由发包人采购的,发包人承担上述各项追加合同价款,工期相应顺延。

③由于承包人施工原因试车达不到验收要求,承包人按工程师要求重新安装和试车,并承担重新安装和试车的费用,过期不予顺延。

④试车费用除已包括在合同价款之内或专用条款另有约定外,均由发包人承担。

⑤工程师在试车合格后不在试车记录上签字,试车结束 24 小时后,视为工程师已经认可试车记录,承包人可继续施工或办理竣工手续。

(6)竣工验收。竣工验收是全面考核建设工作,检查是否符合设计要求和工程质量的重要环节。工程未经竣工验收或竣工验收未通过的,发包人不得使用。发包人强行使用时,由此发生的质量问题及其他问题,由发包人承担责任。但在此情况下发包人主要是对强行使用直接产生的质量问题和其他问题承担责任,不能免除承包人对工程的保修等责任。

《建筑法》第 58 条规定:建筑施工企业对工程的施工质量负责。第 60 条规定:建筑物在合理使用寿命内,必须确保地基基础工程和主体结构的质量。建筑工程竣工时,屋顶墙面不得留有渗漏、开裂等施工缺陷,对已发现的质量缺陷,建筑施工企业应当修复。

(7)质量保修。承包人应按法律、行政法规或国家关于工程质量保修的有关规定,对交付发包人使用的工程在质量保修期内承担质量保修责任。建设工程办理交工验收手续后,在规定的期限内,因勘察、设计、施工、材料等原因造成的质量缺陷,应当由施工单位负责维修。所谓质量缺陷是指工程不符合国家或行业现行的有关技术标准、设计文件以及合同中对质量的要求。

承包人应在工程竣工验收之前,与发包人签订质量保修书,作为合同附件(附件 3),质量保修书的主要内容包括:

①工程质量保修范围和内容。质量保修范围包括:地基基础工程、主体结构工程、屋面防水工程和双方约定的其他土建工程,以及电气管线、上下水管线的安装工程,供热、供冷系统工程等项目。具体质量保修内容由双方约定。

②质量保修期。质量保修期从工程实际竣工之日算起。分单项竣工验收的工程,按单项工程分别计算质量保修期。

③质量保修责任。

A.属于保修范围和内容的项目,承包人应在接到修理通知之日后 7 天内派人修理。承包人不在约定期限内派人修理,发包人可委托其他人员修理,保修费用从质量保修金内扣除。

B.发生须紧急抢修事故(如上水跑水、暖气漏水漏气、燃气漏气等),承包人接到事故通知后,应立即到达事故现场抢修。非承包人施工质量引起的事故,抢修费用由发包人承担。

C.在国家规定的工程合理使用期限内,承包人确保地基基础工程和主体结构的质量。因承包人原因致使工程在合理使用期限内造成人身和财产损害的,承包人应承担损害赔偿责任。

④质量保修金的支付方法等。

(8)材料设备供应的质量控制。

①发包人供应材料设备。实行发包人供应材料设备的,双方应当约定发包人供应材料设备的一览表,作为本合同的附件。一览表应包括发包人供应材料设备的品种、规格、型号、数

量、单价、质量等级、提供时间和地点。发包人应按一览表约定的内容提供材料设备,并向承包人提供产品合格证明,对其质量负责。发包人在所供材料设备到货前 24 小时,以书面形式通知承包人,由承包人派人与发包人共同清点。

发包人供应的材料设备,承包人派人参加清点后由承包人妥善保管,发包人支付相应保管费用。因承包人原因发生丢失损坏,由承包人负责赔偿。发包人未通知承包人清点,承包人不负责材料设备的保管,丢失损坏由发包人负责。

如果发包人供应的材料设备与一览表不符时,发包人应承担有关责任。发包人应承担责任的具体内容,双方可根据以下情况在专用条款内约定:

A. 材料设备单价与一览表不符,由发包人承担所有价差。

B. 材料设备的品种、规格、型号、质量等级与一览表不符,承包人可拒绝接收保管,由发包人运出施工场地并重新采购。

C. 发包人供应的材料规格、型号与一览表不符,经发包人同意,承包人可代为调剂串换,由发包人承担相应费用。

D. 到货地点与一览表不符,由发包人负责运至一览表指定地点。

E. 供应数量少于一览表约定的数量时,由发包人补齐。多于一览表约定数量时,发包人负责将多余部分运出施工场地。

F. 到货时间早于一览表约定时间,由发包人承担因此发生的保管费用。到货时间迟于一览表约定的供应时间,发包人赔偿由此造成的承包人损失。造成工期延误的,相应顺延工期。

发包人供应的材料设备使用前,由承包人负责检验或试验,不合格的不得使用,检验或试验费用由发包人承担。发包人供应材料设备的结算方法,双方在专用条款内约定。

②承包人采购材料设备。承包人负责采购材料设备的,应按照专用条款约定及设计和有关标准要求采购,并提供产品合格证明,对材料设备质量负责。承包人在材料设备到货前 24 小时通知工程师清点。承包人采购的材料设备与设计或标准要求不符时,承包人应按工程师要求的时间运出施工场地,重新采购符合要求的产品,承担由此发生的费用,由此延误的工期不予顺延。

承包人采购的材料设备在使用前,承包人应按工程师的要求进行检验或试验,不合格的不得使用,检验或试验费用由承包人承担。工程师发现承包人采购并使用不符合设计或标准要求的材料设备时,应要求由承包人负责修复、拆除或重新采购,并承担发生的费用,由此延误的工期不予顺延。

根据工程需要,承包人需要使用代用材料时,应经工程师认可后才能使用,由此增减的合同价款双方以书面形式议定。由承包人采购的材料设备,发包人不得指定生产厂或供应商。

2. 施工合同的投资控制条款

(1)施工合同价款及调整。施工合同价款指发包人、承包人在协议书中约定,发包人用以支付承包人按照合同约定完成承包范围内全部工程并承担质量保修责任的款项。招标工程的合同价款由发包人承包人依据中标通知书中的中标价格在协议书内约定。非招标工程的合同价款由发包人承包人依据工程预算书在协议书内约定。合同价款在协议书内约定后,任何一方不得擅自改变。下列三种确定合同价款的方式,双方可在专用条款内约定采用其中一种:

①固定价格合同。双方在专用条款内约定合同价款包含的风险范围和风险费用的计算方法,在约定的风险范围内合同价款不再调整。风险范围以外的合同价款调整方法,应当在专用

条款内约定。如果发包人对施工期间可能出现的价格变动采取一次性付给承包人一笔风险补偿费用办法的，可在专用条款内写明补偿的金额和比例，写明补偿后是全部不予调整还是部分不予调整，及可以调整项目的名称。

②可调价格合同。合同价款可根据双方的约定而调整，双方在专用条款内约定合同价款的调整方法。可调价格合同中合同价款的调整因素包括：法律、行政法规和国家有关政策变化影响合同价款；工程造价管理部门（指国务院有关部门、县级以上人民政府建设行政主管部门或其委托的工程造价管理机构）公布的价格调整；一周内非承包人原因停水、停电、停气造成停工累计超过 8 小时；双方约定的其他因素。

此时，双方在专用条款中可写明调整的范围和条件，除材料费外是否包括机械费、人工费、管理费等，对通用条款中所列出的调整因素是否还有补充，如对工程量增减和工程变更的数量有限制的，还应写明限制的数量；写明调整的依据，是哪一级工程造价管理部门公布的价格调整文件；写明调整的方法、程序，承包人提出调价通知的时间，工程师批准和支付的时间等。

承包人应当在上述情况发生后 14 天内，将调整原因、金额以书面形式通知工程师，工程师确认调整金额后作为追加合同价款，与工程款同期支付。工程师收到承包人通知后 14 天内不予确认也不提出修改意见，视为已经同意该项调整。

③成本加酬金合同。合同价款包括成本和酬金两部分，双方在专用条款内约定成本构成和酬金的计算方法。

（2）工程预付款。预付款是在工程开工前发包人预先支付给承包人用来进行工程准备的一笔款项。实行工程预付款的，双方应当在专用条款内约定发包人向承包人预付工程款的时间和数额，开工后按约定的时间和比例逐次扣回。预付时间应不迟于约定的开工日期前 7 天。发包人不按约定预付，承包人在约定预付时间 7 天后向发包人发出要求预付的通知，发包人收到通知后仍不能按要求预付，承包人可在发出通知后 7 天停止施工，发包人应从约定应付之日起向承包人支付应付款的贷款利息，并承担违约责任。

工程款的预付可根据主管部门的规定，双方协商确定后把预付工程款的时间（如于每年的 1 月 15 日前按预付款额度比例支付）、金额或占合同价款总额的比例（如为合同额的 5％～15％）、方法（如根据承包人的年度承包工作量）和扣回的时间、比例、方法（预付款一般应在工程竣工前全部扣回，可采取当工程进展到某一阶段如完成合同额的 60％～65％时开始起扣，也可从每月的工程付款中扣回）在专用条款内写明。如果发包人不预付工程款，在合同价款中可考虑承包人垫付工程费用的补偿。

（3）工程进度款。

①工程量的确认。对承包人已完成工程量进行计量、核实与确认，是发包人支付工程款的前提。工程量具体的确认程序如下：

A．承包人应按专用条款约定的时间，向工程师提交已完工程量的报告。

B．工程师接到报告后 7 天内按设计图纸核实已完工程量（计量），并在计量前 24 小时通知承包人。承包人为计量提供便利条件并派人参加。承包人收到通知后不参加计量，计量结果有效，作为工程价款支付的依据。

C．工程师收到承包人报告后 7 天内未进行计量，从第 8 天起，承包人报告中开列的工程量即视为已被确认，作为工程价款支付的依据。

D．工程师不按约定时间通知承包人，致使承包人未能参加计量，计量结果无效。

E.对承包人超出设计图纸范围和因承包人原因造成返工的工程量,工程师不予计量。

②工程款(进度款)结算方式。

A.按月结算。这是国内外常见的一种工程款支付方式,一般在每个月末,承包人提交已完工程量报告,经工程师审查确认,签发月度付款证书后,由发包人按合同约定的时间支付工程款。

B.按形象进度分段结算。这是国内一种常见的工程款支付方式,实际上是按工程形象进度分段结算。当承包人完成合同约定的工程形象进度时,承包人提出已完工程量报告,经工程师审查确认,签发付款证书后,由发包人按合同约定的时间付款。如专用条款中可约定:当承包人完成基础工程施工时,发包人支付合同价款的20%,完成主体结构工程施工时,支付合同价款的50%,完成装饰工程施工时,支付合同价款的15%,工程竣工验收通过后,再支付合同价款的10%,其余5%作为工程保修金,在保修期满后返还给承包人。

C.竣工后一次性结算。当工程项目工期较短或合同价格较低时,可以采用工程价款每月月中预支、竣工后一次性结算的方法。

D.其他结算方式。结算双方可以在专用条款中约定采用并经开户银行同意的其他结算方式。

③工程款(进度款)支付的程序和责任。在确认计量结果后14天内,发包人应向承包人支付工程款(进度款)。同期用于工程的发包人供应的材料设备价款、按约定时间发包人应扣回的预付款,与工程款(进度款)同期结算。合同价款调整、工程师确认增加的工程变更价款及追加的合同价款、发包人或工程师同意确认的工程索赔款等,也应与工程款(进度款)同期调整支付。

发包人超过约定的支付时间不支付工程款(进度款),承包人可向发包人发出要求付款的通知,发包人收到承包人通知后仍不能按要求付款,可以与承包人协商签订延期付款协议,经承包人同意后可延期支付。协议应明确延期支付的时间和从计量结果确认后第15天起计算应付款的贷款利息。发包人不按合同约定支付工程款(进度款),双方又未达成延期付款协议,导致施工无法进行,承包人可停止施工,由发包人承担违约责任。

(4)变更价款的确定。承包人在工程变更确定后14天内,提出变更工程价款的报告,经工程师确认后调整合同价款。变更合同价款按下列方法进行:

①合同中已有适用于变更工程的价格,按合同已有的价格计算变更合同价款;

②合同中只有类似于变更工程的价格,可以参照类似价格变更合同价款;

③合同中没有适用或类似于变更工程的价格,由承包人提出适当的变更价格,经工程师确认后执行。

承包人在双方确定变更后14天内不向工程师提出变更工程价款的报告时,视为该项变更不涉及合同价款的变更。工程师应在收到变更工程价款报告之日起14天内予以确认,工程师无正当理由不确认时,自变更工程价款报告送达之日起14天后视为变更工程价款报告已被确认。工程师不同意承包人提出的变更价款,按照通用条款约定的争议解决办法处理。

因承包人自身原因导致的工程变更,承包人无权要求追加合同价款。

(5)施工中涉及的其他费用。

①安全施工。承包人应遵守工程建设安全生产有关管理规定,严格按安全标准组织施工,并随时接受行业安全检查人员依法实施的监督检查,采取必要的安全防护措施,消除事故隐

患,由于承包人安全措施不力造成事故的责任和因此发生的费用,由承包人承担。

发包人应对其在施工场地的工作人员进行安全教育,并对他们的安全负责。发包人不得要求承包人违反安全管理的规定进行施工。因发包人原因导致的安全事故,由发包人承担相应责任及发生的费用。

承包人在动力设备、输电线路、地下管道、密封防震车间、易燃易爆地段以及临街交通要道附近施工时,施工开始前应向工程师提出安全保护措施,经工程师认可后实施。由发包人承担防护措施费用。

实施爆破作业,在放射、毒害性环境中施工(含储存、运输、使用)及使用毒害性、腐蚀性物品施工时,承包人应在施工前 14 天以书面形式通知工程师,并提出相应的安全防护措施,经工程师认可后实施,由发包人承担安全防护措施费用。

发生重大伤亡及其他安全事故,承包人应按有关规定立即上报有关部门并通知工程师,同时按政府有关部门要求处理,由事故责任方承担发生的费用。双方对事故责任有争议时,应按政府有关部门的认定处理。

②专利技术及特殊工艺。发包人要求使用专利技术或特殊工艺,应负责办理相应的申报手续,承担申报、试验、使用等费用。承包人应按发包人要求使用,并负责试验等有关工作。承包人提出使用专利技术或特殊工艺,应取得工程师认可,承包人负责办理申报手续并承担有关费用。擅自使用专利技术侵犯他人专利权的,责任者依法承担相应责任。

③文物和地下障碍物。在施工中发现古墓、古建筑遗址等文物及化石或其他有考古、地质研究等价值的物品时,承包人应立即保护好现场并于 4 小时内以书面形式通知工程师,工程师应于收到书面通知后 24 小时内报告当地文物管理部门,发包人承包人按文物管理部门的要求采取妥善保护措施。发包人承担由此发生的费用,延误的工期相应顺延。如发现后隐瞒不报,致使文物遭受破坏,责任者依法承担相应责任。

施工中发现影响施工的地下障碍物时,承包人应于 8 小时内以书面形式通知工程师,同时提出处置方案,工程师收到处置方案后 24 小时内予以认可或提出修正方案。发包人承担由此发生的费用,延误的工期相应顺延。所发现的地下障碍物有归属单位时,发包人应报请有关部门协同处置。

(6)竣工结算。

①竣工结算的程序。工程竣工验收报告经发包人认可后 28 天内,承包人向发包人递交竣工结算报告及完整的结算资料,双方按照协议书约定的合同价款及专用条款约定的合同价款调整内容,进行工程竣工结算。发包人收到承包人递交的竣工结算报告及结算资料后 28 天内进行核实,给予确认或者提出修改意见。发包人确认竣工结算报告后通知经办银行向承包人支付工程竣工结算价款。承包人收到竣工结算价款后 14 天内将竣工工程交付发包人。

②竣工结算相关的违约责任。

A. 发包人收到竣工结算报告及结算资料后 28 天内无正当理由不支付工程竣工结算价款,从第 29 天起按承包人同期向银行贷款利率支付拖欠工程价款的利息,并承担违约责任。

B. 发包人收到竣工结算报告及结算资料后 28 天内不支付工程竣工结算价款,承包人可以催告发包人支付结算价款。发包人在收到竣工结算报告及结算资料后 56 天内仍不支付的,承包人可以与发包人协议将该工程折价,也可以由承包人申请人民法院将该工程依法拍卖,承包人就该工程折价或者拍卖的价款优先受偿。目前在建设领域,拖欠工程款的情况十分严重,承包人采取有力措施,保护自己的合法权利是十分重要的。

C. 工程竣工验收报告经发包人认可后 28 天内,承包人未能向发包人递交竣工结算报告及完整的结算资料,造成工程竣工结算不能正常进行或工程竣工结算价款不能及时支付,发包人要求交付工程的,承包人应当交付,发包人不要求交付工程的,承包人承担保管责任。

D. 承发包双方对工程竣工结算价款发生争议时,按通用条款关于争议的约定处理。

(7)质量保修金。保修金(或称保留金)是发包人在应付承包人工程款内扣留的金额,其目的是约束承包人在竣工后履行竣工义务。有关保修项目、保修期、保修内容、范围、期限及保修金额(一般不超过施工合同价款的 3%)等均应在工程质量保修书(附件 3)中约定。

保修期满,承包人履行了保修义务,发包人应在质量保修期满后 14 天内结算,将剩余保修金和按工程质量保修书约定银行利率计算的利息一起返还承包人,不足部分由承包人交付。

3. 施工合同的进度控制条款

进度控制是施工合同管理的重要组成部分。施工合同的进度控制可以分为施工准备阶段、施工阶段和竣工验收阶段的进度控制。

(1)施工准备阶段的进度控制。

①同工期的约定。工期是指发包人承包人在协议书中约定,按总日历天数(包括法定节假日)计算的承包天数。合同工期是施工的工程从开工起到完成专用条款约定的全部内容,工程达到竣工验收标准所经历的时间。

承发包双方必须在协议书中明确约定工期,包括开工日期和竣工日期。开工日期是指发包人承包人在协议书中约定,承包人开始施工的绝对或相对的日期。竣工日期是指发包人承包人在协议书中约定,承包人完成承包范围内工程的绝对或相对的日期。工程竣工验收通过,实际竣工日期为承包人送交竣工验收报告的日期;工程按发包人要求修改后通过竣工验收的,实际竣工日期为承包人修改后提请发包人验收的日期。合同当事人应当在开工日期前做好一切开工的准备工作,承包人则应当按约定的开工日期开工。

对于群体工程,双方应在合同附件一中具体约定不同单位工程的开工日期和竣工日期。对于大型、复杂工程项目,除了约定整个工程的开工日期、竣工日期和合同工期的总日历天数外,还应约定重要里程碑事件的开工与竣工日期,以确保工期总目标的顺利实现。

②进度计划。承包人应按专用条款约定的日期,将施工组织设计和工程进度计划提交工程师,工程师按专用条款约定的时间予以确认或提出修改意见,逾期不确认也不提出书面意见的,则视为已经同意。群体工程中单位工程分期进行施工的,承包人应按照发包人提供图纸及有关资料的时间,按单位工程编制进度计划,其具体内容在专用条款中约定,分别向工程师提交。

工程师对进度计划予以确认或者提出修改意见,并不免除承包人施工组织设计和工程进度计划本身的缺陷所应承担的责任。工程师对进度计划予以确认的主要目的,是为工程师对进度进行控制提供依据。

③其他准备工作。在开工前,合同双方还应该做好其他各项准备工作,如发包人应当按照专用条款的约定使施工场地具备施工条件、开通公共道路,承包人应当做好施工人员和设备的调配工作,按合同规定完成材料设备的采购等。

工程师需要做好水准点与坐标控制点的交验,按时提供标准、规范。为了能够按时向承包人提供设计图纸,工程师需要做好协调工作,组织图纸会审和设计交底等。

④开工及延期开工。

A. 承包人要求的延期开工。承包人应当按照协议书约定的开工日期开始施工。若承包人不能按时开工,应当不迟于协议书约定的开工日期前7天,以书面形式向工程师提出延期开工的理由和要求。工程师应当在接到延期开工申请后的48小时内以书面形式答复承包人。工程师在接到申请后48小时内不答复,视为已同意承包人要求,工期相应顺延。如果工程师不同意延期要求或承包人未在规定时间内提出延期开工要求,工期不予顺延。

B. 发包人原因的延期开工。因发包人原因不能按照协议书约定的开工日期开工,工程师应以书面形式通知承包人,推迟开工日期。承包人对延期开工的通知没有否决权,但发包人应当赔偿承包人因此造成的损失,并相应顺延工期。

(2)施工阶段的进度控制。

①工程师对进度计划的检查与监督。开工后,承包人必须按照工程师确认的进度计划组织施工,接受工程师对进度的检查、监督,检查、督促的依据一般是双方已经确认的月度进度计划。一般情况下,工程师每月检查一次承包人的进度计划执行情况,由承包人提交一份上月进度计划实际执行情况和本月的施工计划。同时,工程师还应进行必要的现场实地检查。

工程实际进度与经确认的进度计划不符时,承包人应按工程师的要求提出改进措施,经工程师确认后执行。但是,对于因承包人自身的原因导致实际进度与进度计划不符时,所有的后果都应由承包人自行承担,承包人无权就改进措施追加合同价款,工程师也不对改进措施的效果负责。如果采用改进措施后,经过一段时间工程实际进展赶上了进度计划,则仍可按原进度计划执行。如果采用改进措施一段时间后,工程实际进展仍明显与进度计划不符,则工程师可以要求承包人修改原进度计划,并经工程师确认后执行。但是,这种确认并不是工程师对工程延期的批准,而仅仅是要求承包人在合理的状态下施工。因此,如果承包人按修改后的进度计划施工不能按期竣工的,承包人仍应承担相应的违约责任。

工程师应当随时了解施工进度计划执行过程中所存在的问题,并帮助承包人予以解决,特别是承包人无力解决的内外关系协调问题。

②暂停施工。

A. 工程师要求的暂停施工。工程师认为确有必要暂停施工时,应当以书面形式要求承包人暂停施工,并在提出要求后48小时内提出书面处理意见。承包人应当按工程师要求停止施工,并妥善保护已完工程。承包人实施工程师作出的处理意见后,可以书面形式提出复工要求,工程师应当在48小时内给予答复。工程师未能在规定时间内提出处理意见,或收到承包人复工要求后48小时内未予答复,承包人可自行复工。

因发包人原因造成停工的,由发包人承担所发生的追加合同价款,赔偿承包人由此造成的损失,相应顺延工期;因承包人原因造成停工的,由承包人承担发生的费用,工期不予顺延。因工程师不及时作出答复,导致承包人无法复工,由发包人承担违约责任。

B. 因发包人违约导致承包人的主动暂停施工。当发包人出现某些违约情况时,承包人可以暂停施工,这是合同赋予的承包人保护自身权益的有效措施。如发包人不按合同约定及时向承包人支付工程预付款、发包人不按合同约定及时向承包人支付工程进度款且双方未达成延期付款协议,在承包人发出要求付款通知后仍不付款的,经过一段时间后,承包人均可暂停施工。这时,发包人应当承担相应的违约责任。出现这种情况时,工程师应当尽量督促发包人履行合同,以求减少双方的损失。

C. 意外事件导致的暂停施工。在施工过程中出现一些意外情况,如果需要承包人暂停施工的,承包人则应该暂停施工。此时工期是否给予顺延,应视风险责任应由谁承担而确定。如发现有价值的文物、发生不可抗力事件等,风险责任应由发包人承担,故应给予承包人顺延工期。

③工程设计变更。工程师在其可能的范围内应尽量减少设计变更,以避免影响工期。如果必须对设计进行变更,应当严格按照国家的规定和合同约定的程序进行。

A. 发包人对原设计进行变更。施工中发包人如果需要对原工程设计进行变更,应提前14天以书面形式向承包人发出变更通知。变更超过原设计标准或者批准的建设规模时,发包人应报规划管理部门和其他有关部门重新审查批准,并由原设计单位提供变更的相应的图纸和说明。承包人按照工程师发出的变更通知及有关要求,进行下列需要的变更:更改工程有关部分的标高、基线、位置和尺寸,增减合同中约定的工程量,改变有关工程的施工时间和顺序,其他有关工程变更需要的附加工作。

由于发包人对原设计进行变更,导致合同价款的增减及造成的承包人损失,由发包人承担,延误的工期相应顺延。

合同履行中发包人要求变更工程质量标准及发生其他实质性变更,由双方协商解决。

B. 承包人要求对原设计进行变更。承包人应当严格按照图纸施工,不得对原工程设计进行变更。因承包人擅自变更设计发生的费用和由此导致发包人的直接损失,由承包人承担,延误的工期不予顺延。承包人在施工中提出的合理化建议涉及对设计图纸或施工组织设计的更改及对材料、设备的换用,需经工程师同意。工程师同意变更后,也需取得有关主管部门的批准,并由原设计单位提供相应的变更图纸和说明。未经同意擅自更改或换用时,承包人承担由此发生的费用,并赔偿发包人的有关损失,延误的工期不予顺延。工程师同意采用承包人的合理化建议,所发生的费用和获得的收益,发包人承包人另行约定分担或分享。

④工期延误。承包人应当按照合同工期完成工程施工,如果由于其自身原因造成工期延误,则应承担违约责任。但因以下原因造成工期延误,经工程师确认,工期相应顺延:发包人未能按专用条款的约定提供图纸及开工条件;发包人未能按约定日期支付工程预付款、进度款,致使施工不能正常进行;工程师未按合同约定提供所需指令、批准等,致使施工不能正常进行;设计变更和工程量增加;一周内非承包人原因停水、停电、停气造成停工累计超过8小时;不可抗力;专用条款中约定或工程师同意工期顺延的其他情况。上述这些情况工期可以顺延的原因在于:这些情况属于发包人违约或者是应当由发包人承担的风险。

承包人在以上情况发生后14天内,就延误的工期以书面形式向工程师提出报告,工程师在收到报告后14天内予以确认,逾期不予确认也不提出修改意见,视为同意顺延工期。

工程师确认的工期顺延期限应当是事件造成的合理延误,由工程师根据发生事件的具体情况和工期定额、合同等的规定确认。经工程师确认的顺延工期应纳入合同总工期,如果承包人不同意工程师的确认结果,则可按合同约定的争议解决方式处理。

(3)竣工验收阶段的进度控制。在竣工验收阶段,工程师进度控制的任务是督促承包人完成工程扫尾工作,协调竣工验收中的各方关系,参加竣工验收。

①竣工验收的程序。承包人必须按照协议书约定的竣工日期或者工程师同意顺延的工期竣工。因承包人原因不能按照协议书约定的竣工日期或者工程师同意顺延的工期竣工的,承包人应当承担违约责任。

A.承包人提交竣工验收报告。当工程按合同要求全部完成后并具备竣工验收条件,承包人按国家工程竣工验收的有关规定,向发包人提供完整的竣工资料和竣工验收报告。双方约定由承包人提供竣工图的,承包人应按专用条款内约定的日期和份数向发包人提交竣工图。

B.发包人组织验收。发包人收到竣工验收报告后28天内组织有关单位验收,并在验收后14天内给予认可或提出修改意见,承包人应当按要求进行修改,并承担由自身原因造成修改的费用。中间交工工程的范围和竣工时间,由双方在专用条款内约定。验收程序同上。

C.发包人不能按时组织验收。发包人收到承包人送交的竣工验收报告后28天内不组织验收,或者在验收后14天内不提出修改意见,则视为竣工验收报告已经被认可。发包人收到承包人竣工验收报告后28天内不组织验收,从第29天起承担工程保管及一切意外责任。

②提前竣工。施工中发包人如需提前竣工,双方协商一致后应签订提前竣工协议,作为合同文件组成部分。提前竣工协议应包括:要求提前的时间、承包人采取的赶工措施、发包人为提前竣工提供的条件、承包人为保证工程质量和安全采取的措施、提前竣工所需的追加合同价款等。

③甩项工程。因特殊原因,发包人要求部分单位工程或工程部位需甩项竣工时,双方应另行订立甩项竣工协议,明确双方责任和工程价款的支付办法。

任务三　编制建设工程监理合同

 工作步骤

```
步骤一　建设单位进行监理招标
步骤二　监理单位投标
步骤三　中标,签订委托监理合同
```

 知识链接

一、工程建设监理的概念和性质

所谓建设工程监理是指具有相应资质的工程监理企业,受建设单位的委托和授权,根据国家批准的工程项目建设文件,有关工程的法律、法规和工程建设监理合同以及其他工程建设合同,对工程建设实施的监督管理,代表建设单位对承建单位的建设行为进行监控的专业化服务活动,是针对工程项目建设所实施的一种监督管理活动。建设工程委托监理合同简称监理合同,是指工程建设单位聘请监理单位代其对工程项目进行管理,明确双方权利、义务的协议。可见,工程监理企业虽然对所监理的工程项目拥有一定的管理权限,但是,是建设单位授权的结果,并由建设单位接受并配合监督履行合同的一种行为。其监理的性质主要有以下几方面:

1.服务性

监理人员利用自己的知识、技能和经验、信息以及必要的试验、检测手段,为建设单位提供管理服务。工程监理企业不能完全取代建设单位的管理活动,它不具有工程建设重大问题的决策权,它只能在授权范围内代表建设单位进行管理,建设工程监理的服务对象是建设单位。

2.科学性

科学性是由建设工程监理要达到的基本目的决定的。其主要表现在:工程监理企业应当由组织管理能力强、工程建设经验丰富的人员当领导;应当有足够数量的、有丰富的管理经验和应变能力的监理工程师组成的骨干队伍;要有一套健全的管理制度;要有现代化的管理手段;要掌握先进的管理理论、方法和手段;要积累足够的技术、经济资料和数据;要有科学的工作态度和严谨的工作作风,要实事求是、创造性地开展工作。

3.独立性

按照独立性的要求,在委托监理的工程中,工程监理单位与承建单位不得有隶属关系和其他利害关系;在开展工程监理的过程中,必须建立自己的组织,按照自己的工作计划、程序、流程、方法、手段,根据自己的判断,独立地开展工作。

4.公正性

公正性是社会公认的职业道德准则,也是监理行业能够长期生存和发展的基本职业道德准则。工程监理企业应客观、公正地对待监理的委托单位和承建单位,在维护建设单位的合法权益时,不损害承建单位的合法权益。

二、《建设工程监理合同》(示范文本)的内容

为规范建设工程监理活动,维护建设工程监理合同当事人的合法权益,住房和城乡建设部、国家工商行政管理总局对《建设工程委托监理合同(示范文本)》(GF－2000－2002)进行了修订,制定了《建设工程监理合同(示范文本)》(GF－2012－0202)。《示范文本》由协议书、通用条件和专用条件三部分组成。

项目习题

一、单选题

1.按照施工合同文本的规定,(　　)是承包人应当完成的工作。

  A.使施工场地具备施工条件   B.提供施工场地的地下管线资料

  C.做好施工现场地下管线的保护工作 D.组织设计交底

2.施工合同文本规定,承包人要求的延期开工应(　　)。

  A.工程师批准   B.发包人批准

  C.承包人自行决定   D.承包人通知发包人

3.施工合同文本规定,设备安装工程具备无负荷联动试车条件,由(　　)组织试车。

  A.发包人   B.承包人

  C.工程师   D.监理单位

4.施工合同文本规定,承包方有权(　　)。

  A.分包所承包的部分工程

  B.分包和转让所承担的工程

  C.经业主同意分包和转包所承担的工程

D. 经业主同意分包所承担的部分工程

5. 承包商签订合同后,将合同的一部分分包给第三方承担时,(　　)。

  A. 应征得业主同意　　　　　　　　B. 可不经过业主同意

  C. 自行决定后通知业主　　　　　　D. 自行决定后通知监理工程师

6. 我国施工分包单位对分包工作(　　)。

  A. 应自行完成分包工程　　　　　　B. 可再行分包

  C. 自行完成或再分包　　　　　　　D. 可转包

7. 施工合同文本规定,工程师要求承包人立即执行的指令,承包人未提异议,因指令错误发生的费用由(　　)承担。

  A. 发包人　　　　　　　　　　　　B. 承包人

  C. 工程师　　　　　　　　　　　　D. 工程师与承包人共同

8. 施工合同的当事人选择仲裁的,应当由(　　)仲裁委员会仲裁。

  A. 双方选定　　　　　　　　　　　B. 合同签字地

  C. 施工企业所在地　　　　　　　　D. 建设单位所在地

9. 工程款支付的依据是由(　　)测量核实实际工作量。

  A. 业主　　　　　　　　　　　　　B. 监理工程师

  C. 承包商　　　　　　　　　　　　D. 监理工程师委托人

10. 当工程变更后价格确定时,工程量表中已有类似工作的价格,但对变更工作而言不合理,此时处理办法应为(　　)。

  A. 采用工程量表中类似工作价格　　B. 在原价基础上制定

  C. 由监理工程师自行决定　　　　　D. 协商决定

11. 上级行政主管部门的工作人员在施工现场检查工作时,就由(　　)对他们安全负责。

  A. 业主　　　　　　　　　　　　　B. 监理单位

  C. 承包商　　　　　　　　　　　　D. 上级主管部门

12. 我国施工强制保险的险种为(　　)。

  A. 施工机械设备险　　　　　　　　B. 人员生命财产险

  C. 意外伤害险　　　　　　　　　　D. 人员生命财产险和意外伤害险

13. 由于设备制造原因试车达不到验收要求,由(　　)承担修理和重新采购费用。

  A. 设备制造商　　　　　　　　　　B. 设备采购方

  C. 设备供货商　　　　　　　　　　D. 施工承包方

14. 实际施工竣工日期为(　　)。

  A. 承包方递送竣工验收报告日期　　B. 承包方施工完工日期

  C. 竣工验收合格日期　　　　　　　D. 办理竣工验收手续日期

15. 已竣工工程交付使用之前应由(　　)负责成品保护工作。

  A. 建设单位　　　　　　　　　　　B. 施工单位

  C. 监理单位　　　　　　　　　　　D. 协商解决单位

16. 因不可抗力发生,工程所需清理修复费用由(　　)承担。

  A. 发包方　　　　　　　　　　　　B. 承包方

  C. 发包方和承包方协商　　　　　　D. 发包方和承包方共同

17. 下列行为中,属于不符合暂停施工的是( )。

    A. 工程师在确定有必要时,可要求乙方暂停施工

    B. 工程师未能在规定的时间内提出处理意见,乙方可自行复工

    C. 乙方交送复工要求后,可自行复工

    D. 施工过程中发现有价值的文物,乙方应暂停施工

18. 因不可抗力发生致使合同无法继续履行,可以解除合同。合同解除后,双方约定的( )条款仍然有效。

    A. 质量控制   B. 投资控制

    C. 支付和结算   D. 担保

19. 承包商自有的施工机具运入工地后,若其他工程项目施工中需用时,( )。

    A. 可自行运出工地   B. 不能自行运出工地

    C. 需经业主批准后才能运出工地   D. 需经工程师批准后才能运出工地

20. 进行施工中间验收后,监理工程师在 24 小时内未在验收记录上签字,也未提出任何不合格的修改意见,则承包商( )。

    A. 可继续施工   B. 应等待监理工程师进一步指示后再施工

    C. 要求监理工程师再次检验   D. 向业主申请继续施工

21. 由于设备制造原因导致试车达不到验收要求,则该项拆除、修理和重新安装费用应由( )承担。

    A. 业主   B. 承包商

    C. 设备采购方   D. 设计方

22. 根据施工合同范本规定,工程竣工结算应遵循的程序是,当竣工验收合格后由( )编制竣工决算报告。

    A. 业主   B. 承包商

    C. 监理工程师   D. 设计单位

23. 施工合同示范文本中定义:在施工中已经发生,经甲方确认后,以增加预算形式支付的合同价款为( )。

    A. 变动价款   B. 额外价款

    C. 经济支出   D. 费用

24. 施工合同示范文本中,"工期"指( )。

    A. 合同条件依据的"定额工期"   B. 协议条款约定的"合同工期"

    C. 施工合同履行的"施工工期"   D. 招标文件中的"计划工期"

25. 施工合同承包方对( )承担责任。

    A. 施工图设计或与工程配套的设计的修改和审定

    B. 分包单位的任何违约和疏忽

    C. 办理有关工程施工的开工手续

    D. 遵守有关部门对施工噪音的管理规定,经业主同意办理有关手续,由此发生的费用

26. 采购标的数额较大,市场竞争激烈的材料,采用( )方式对采购方比较有利。

    A. 直接采购   B. 公开招标

    C. 询价报价签订合同   D. 间接采购

27.施工合同示范文本规定,设计单位和承包商进行图纸会审、设计交底的组织工作,应由( )负责。

    A.业主　　　　　　　　　　　　B.设计单位

    C.承包商　　　　　　　　　　　D.监理单位

28.施工合同示范文本规定,一般由( )办理建筑工程和施工现场甲方人员及第三方人员的生命财产保险,并支付保险费用。

    A.甲方　　　　　　　　　　　　B.乙方

    C.甲方和乙方　　　　　　　　　D.甲方和监理方

29.监理工程师在施工阶段进行进度控制的依据是( )施工进度计划。

    A.承包商编制的　　　　　　　　B.业主编制的

    C.监理单位制定并由承包商认可的　D.承包商提交并经监理工程师批准的

30.承担一级工程设计任务的合同当事人应是( )。

    A.参与一类工程设计的自然人　　B.持有乙级资质证书的法人

    C.持有甲级资质证书的法人　　　D.有乙级资质证书的合伙设计公司

31.步设计经主管部门批准后,在原定任务书范围内的必要修改,应由( )承担。

    A.业主　　　　　　　　　　　　B.承包方

    C.监理单位　　　　　　　　　　D.主管部门指定

32.设计合同生效后,委托方应向承包支付实际设计费的( )定金。

    A.20%　　　　　B.30%　　　　　C.40%　　　　　D.50%

33.设计合同规定,设计单位和施工单位进行的设计交底的组织工作应由( )负责。

    A.建设单位　　　　　　　　　　B.设计单位

    C.施工单位　　　　　　　　　　D.协商确定单位

34.设计合同承包方设计完成后,对所承担的设计任务的建设项目应配合施工进行技术交底,解决施工中的有关设计问题,其发生的费用( )。

    A.业主另行支付　　　　　　　　B.设计单位自负

    C.双方协商　　　　　　　　　　D.监理工程师决定

35.因设计错误导致工程出现重大质量事故后,设计方应( )。

    A.双倍返还委托方合同内约定的定金

    B.退还委托方全部设计费

    C.除退还委托方受损部分的设计费外,还应支付与该部分设计费相当的赔偿金

    D.按委托方实际受到的损失赔偿受损失部分的工程费用

36.勘察方履行全部义务,委托方按合同约定支付了全部勘察费后,合同预付的定金应( )。

    A.返还委托方　　　　　　　　　B.双倍返还委托方

    C.定金不再返还委托方　　　　　D.上缴上级主管部门

37.设计工作开始前,委托方预先给付设计单位的一笔拨款在合同内规定为定金。合同履行过程中进行阶段支付时,委托方( )。

    A.按已完成设计工作的价值占合同总价的比例扣回

    B.按定金总额除以合同约定的阶段支付次数的平均值扣回

C. 每次阶段支付时均不许扣减定金

D. 每次阶段支付时可将一定比例定金充抵部分设计费

38. 某勘察单位已接受委托方支付的定金 30 万元,无正当理由拒不履行合同,委托方有权要求返还( )万元定金。

A. 30   B. 40   C. 50   D. 60

39. 某项目设计合同的价格为 500 万元,设计单位已接受委托方支付的定金,无正当理由拒不履行合同义务,则委托方有权要求设计单位返还( )万元。

A. 100   B. 150   C. 200   D. 250

40. 当委托方因故要求中途中止设计时,( )。

A. 已付的设计费不退

B. 已付的设计费退回

C. 已付的设计费不退,并还应按实际所耗工时结清

D. 已付设计费退回,另作适当补偿

二、简答题

1. 签订施工合同谈判的依据是什么?

2. 现阶段为什么要实行施工合同备案制度?

3. 合同内对工程竣工结算程序是如何约定的?

4. 确定变更价款程序和变更合同价款方法,合同内是如何约定的?

5. 有哪些情况所签订的建筑工程施工合同为无效合同?

项目六
建设工程招标投标管理

学习目标

知识目标　了解建设工程招投标的工作流程、招投标文件的组成、索赔报告的内容;掌握建设工程施工招标的程序和要求,掌握工程施工投标的程序和要求。

能力目标　能够有效地将所学理论、技术和方法应用于招标、投标工作过程中,具备独立编制主要专业施工招标、投标文件的能力。

案例导入

某工程采用公开招标方式,招标人 3 月 1 日在指定媒体上发布了招标公告,3 月 6 日至 3 月 12 日发布了招标文件,共有 A、B、C、D 四家投标人都提交了投标文件。开标时投标人 D 因其投标文件的签署人没有法定代表人的授权委托书而被招标管理机构宣布为无效投标。

该工程评标委员会于 4 月 15 日经评标确定投标人 A 为中标人,并于 4 月 26 日向中标人和其他投标人分别发出中标通知书和中标结果通知,同时通知了招标人。

发包人和承包人 A 于 5 月 10 日签订了中标合同,合同约定不含税合同价为 6 948 万元,工期为 300 天;合同价中的间接费以直接费为计算基础,间接费率 12%,利润率为 5%。

在施工过程中,该工程的关键线路上发生了以下几种原因引起的工期延误:

(1) 由于发包人原因,设计变更后新增一项工程于 7 月 28 日至 8 月 7 日施工(新增工程款为 160 万元);另一分项工程的图纸延误导致承包人于 8 月 27 日至 9 月 12 日停工。

(2) 由于承包人原因,原计划于 8 月 5 日上午到场的施工机械直到 8 月 26 日上午才到场。

(3) 由于天气原因,连续多日高温造成供电紧张,该工程所在地区于 8 月 3 日至 8 月 5 日停电,另外,该地区于 8 月 24 日上午至 8 月 28 日晚下了特大暴雨。

在发生上述延误事件后,承包人 A 按合同规定的程序向发包人提出了索赔要求。经双方协商一致,除特大暴雨造成的工期延误外,对其他应予补偿的工期延误事件,既补偿直接费又补偿间接费,间接费补偿按合同工期每天平均分摊的间接费计算。

问题:

1.指出该工程在招标过程中的不妥之处,并说明理由。

2.该工程的实际工期延误为多少天? 应予批准的工期延误时间为多少天? 分别说明每个工期延误事件应批准的延长时间及其原因。

3.图纸延误应予补偿的间接费为多少?

4.该工程所在地市政府规定,高温期间施工企业每日工作时间减少1小时,企业必须给职工每人每天10元高温津贴。若某分项工程的计划工效为1.50平方米/小时,计划工日单价为50元,高温期间的实际工效降低10%,则高温期间该分项工程每平方米人工费比原计划增加多少元?

任务一　编制建设工程招标文件

 工作步骤

```
步骤一　编制投标人须知
步骤二　编制投标书及附件
步骤三　编制合同协议书
步骤四　编制合同条件
步骤五　编制合同的技术文件
```

知识链接

建设工程招投标是合同的形成阶段,对合同的整个生命周期有根本性的影响。从有利于项目管理目标实现的角度出发,本项目探讨了业主和承包商在招投标阶段的主要工作流程和注意事项,以及有关索赔的一些基本概念。在整个项目管理中,索赔是高层次的、综合性的管理工作,不仅能追回损失,而且能防止损失的发生,还能够极大地提高合同管理、项目管理和企业管理的水平。

一、建设工程招标管理概述

建设工程施工招标应该具备的条件包括以下几项:招标人已经依法成立;初步设计及概算应当履行审批手续的,已经批准;招标范围、招标方式和招标组织形式等应当履行核准手续的,已经核准;有相应资金或资金来源已经落实;有招标所需的设计图纸及技术资料。这些条件和要求,一方面是从法律上保证了项目和项目法人的合法化,另一方面也从技术和经济上为项目的顺利实施提供了支持和保障。

二、招标项目的确定

从理论上讲,在市场经济条件下,建设工程项目是否采用招投标的方式确定承包人,业主有着完全的决定权;采用何种方式进行招标,业主也有着完全的决定权。但是为了保证公共利益,各国的法律都规定了政府资金投资的公共项目(包括部分投资的项目或全部投资的项目),涉及公共利益的其他资金投资项目,投资额在一定额度之上时,要采用招投标方式进行。对此我国也有详细的规定。

按照我国的《招标投标法》,以下项目宜采用招标的方式确定承包人:①大型基础设施、公用事业等关系社会公共利益、公众安全的项目;②全部或者部分使用国有资金投资或者国家融资的项目;③使用国际组织或者外国政府资金的项目。上述建设工程项目的具体范围和标准,在原国家计委 2000 年 5 月 1 日第 3 号令《工程建设项目招标范围和规模标准规定》中有明确的规定。除此以外,各地方政府遵照招标投标法和有关规定,也对所在地区应该实行招标的建设工程项目的范围和标准作了具体规定。

三、招标方式的确定

《招标投标法》规定,招标分公开招标和邀请招标两种方式。

(一)公开招标

公开招标亦称无限竞争性招标,招标人在公共媒体上发布招标公告,提出招标项目和要求,符合条件的一切法人或者组织都可以参加投标竞争,都有同等竞争的机会。按规定应该招标的建设工程项目,一般应采用公开招标公式。

公开招标的优点是招标人有较大的选择范围,可在众多的投标人中选择报价合理、工期较短、技术可靠、资信良好中标人。但是公开招标的资格审查和评标的工作量比较大,耗时长、费用高,且有可能因资格预审把关不严导致鱼目混珠的现象发生。

(二)邀请招标

邀请招标也称有限竞争性招标,招标人事先经过考察和筛选,将投标邀请书发给某些特定的法人或者组织,要求其参加投标。

为了保护公共利益,避免邀请招标方式被滥用,各个国家和世界银行等金融组织都有相关规定;按规定应该招标的建设工程项目,一般应采用公开招标,如果要采用邀请招标,需经过批准。

对于有些特殊项目,采用邀请招标方式确实更加有利。根据我国的有关规定,有下列情形之一的,经批准可以进行邀请招标:①项目技术复杂或有特殊要求,只有少量几家潜在投标人可供选择的;②受自然地域环境限制的;③涉及国家安全、国家秘密或者抢险救灾,适宜招标但不宜公开招标的;④拟公开招标的费用与项目的价值相比,不值得的;⑤法律、法规规定不宜公开招标的。

招标人采用邀请招标方式,应当向三个以上具备承担招标项目的能力、资信良好的特定的法人或者其他组织发出投标邀请书。

四、建设工程招标的程序和要求

(一)招标文件

通常公开招标由业主委托咨询工程师起草招标文件。在整个工程的招标投标和施工过程中招标文件是一份最重要的文件。按工程性质、工程规模、招标方式、合同种类的不同,招标文件的内容会有很大差异。工程施工招标文件通常包括如下内容:

(1)投标人须知。投标人须知是指导投标人投标的文件。在投标人须知中应公布评标和授予合同的标准,以及适用法律和法规,以保证公平和合法。

投标人须知主要包括:①对招标工程的综合说明,如工程项目概况、工程招标范围等。②招标工作安排,如业主联系人的情况、联系方式、投标书递送日期、地点、投标要求、评标规定、对投标人的规定、无效标书条件等。

(2)投标书及附件。业主提供的统一格式和要求的投标书,承包商可以直接填写。

(3)合同协议书(草案)。它由业主拟定,是业主对将签署的合同协议书的期望和要求。

(4)合同条件。业主提出或确定的适用于本工程的合同条件文本。通常包括通用条件和专用条件。

(5)合同的技术文件。如技术规范、图纸、工程量表等。

(6)业主提供的其他文件。如场地资料,包括地质勘探钻孔记录和测试的结果;由业主获得的场地内和周围环境的情况报告(地形地貌图、水文测量资料、水文地质资料);可以获得的关于场地及周围自然环境的公开的参考资料;关于场地地表以下的设备、设施、地下管道和其他设施的资料;毗邻场地和在场地上的建筑物、构筑物和设备的资料等。

(二)具体程序和要求

工程招标程序在现代工程中,已形成十分完备的招标程序和标准化的文件。在我国,住房和城乡建设部以及许多地方的建设管理部门都颁发了工程建设施工招标管理和合同管理法规,还颁布了招标文件以及各种合同文件范本。

通常招标程序包括以下步骤:

1. 招标的前导工作

(1)建立招标的组织机构。

(2)完成工程的各种审批手续,如工程规划、用地许可、项目的审批等。

(3)向政府的招标投标管理机构提出招标申请等。

(4)相应的资金或资金来源已经落实。

(5)有招标所需的设计图纸及技术资料。

(4)起草招标文件,并编制标底。

2. 发布招标通告或招标邀请

对公开招标项目一般在公共媒体上发布招标通告,介绍招标工程的基本情况、资金来源、工程范围、招标投标工作的总体安排和资质预审工作安排。如果采用邀请招标方式,则要广泛调查,以确定拟邀请的对象。

3. 资格预审

资格预审是合同双方的初次互相选择。业主为全面了解投标人的资信、企业各方面的情况以及工程经验,发布规定内容的资格预审文件,承包商按要求填写并提交,由业主作审查。按照诚实信用原则,承包商必须提供真实的资格审查资料。业主必须作出全面审查和综合评价,以确定投标人是否初选合格,并通知合格的投标人。

4. 投标人购买标书

只有通过资格预审,投标人才可以购买招标文件。

5. 标前会议和现场考察

标前会议是双方的又一次重要的接触。通常在标前会议前,投标人已阅读分析了招标文件,将其中的问题在标前会议上向业主提出,由业主统一解答。会议结束后,招标人应该将会议纪要用书面通知的形式发给每一个投标人。在标前会议期间,业主带领各个投标人考察现场。为了使投标人及时弄清招标文件和现场情况,以便投标,标前会议和考察现场应在投标截止期足够一段时间之前。

6.投标人做标和投标

从购得招标文件到投标截止期,投标人的主要工作就是做标和投标。这是投标人在合同签订前的一项最重要的工作。在这一阶段,投标人完成招标文件分析、现场考察和环境调查,确定实施方案和计划,做工程预算,确定投标策略,并按业主要求的格式、内容做标,按时将投标书送达投标人须知中规定的地点。

7.投标截止和开标

在招标投标阶段和工程施工中,投标截止期是一个重要的里程碑,其主要的含义是:

(1)投标人必须在该时间前提交标书,否则投标无效。

(2)投标人的投标从这一时间开始正式作为要约文件,如果投标人不履行投标人须知中的规定,业主可以没收他的投标保函;而在这一时间前,投标人可以撤回、修改投标文件。

(3)国际工程规定,投标人做标是以投标截止期前 28 天当日(即"基准期")的法律、汇率、物价状态为依据。如果基准期向后法律、汇率等变化,承包商有权调整合同价格。开标通常仅是一项事务性工作。一般当众检查各投标书的密封及表面印鉴,剔除不合格的标书,再当场拆开并宣读所有合格的标书标价、工期等指标。

8.投标文件分析和澄清会议

投标文件分析是业主在签订合同前最重要的工作之一。业主委托咨询工程师对入围的投标书从价格、工期、实施方案、项目组织等各个角度进行全面分析。在市场经济条件下特别对专业性比较强的大型的工程,这个工作的重要性怎么强调也不过分。在投标文件分析中发现的问题,如报价问题、施工方案问题、项目组织问题等,业主可以要求投标人澄清。

进入投标文件分析阶段,这个阶段通常有如下工作:

(1)投标文件总体审查。

①投标书的有效性分析。如印章、授权委托书是否符合要求。

②投标文件的完整性,即投标文件中是否包括招标文件规定应提交的全部文件,特别是授权委托书、投标保函和各种业主要求提交的文件。

③投标文件与招标文件一致性的审查。一般招标文件都要求投标人完全按招标文件的要求投标报价,完全响应招标要求。这里必须分析是否完全报价,有无修改或附带条件。

总体评审确定了投标文件是否合格。如果合格,即可进入报价和技术性评审阶段;如果不合格,则作为废标处理,不作进一步审查。

(2)报价分析。报价分析是通过对各家报价进行数据处理,作对比分析,找出其中的问题,对各家报价作出评价,为澄清会议、评标、定标、标后谈判提供依据。

报价分析一般分以下三步进行:

①对各报价本身的正确性、完整性、合理性进行分析。通过分别对各报价进行详细复核、审查,找出存在的问题,例如:明显的数字运算错误,单价、数量与合价之间不一致,合同总价累计出现错误等。

②对各种报价进行对比分析。在市场经济中,如果没有定额,则对各种报价分析极为重要,是整个报价分析的重点。如果标底作得也比较详细,则可以把它也纳入各投标人的报价中一起分析。

③写出报价分析报告。将上述报价分析的结果进行整理、汇总,对各家报价作评价,并对议价谈判、合同谈判和签订提出意见和建议。

通过报价分析,将各家报价解剖开来分析对比,使决策者一目了然,能够有效地防止决标失误。通过议价谈判,可以使各家报价更低、更合理。

(3)技术性评审。这主要对施工组织与计划的审查分析。一般业主都要求投标人在投标书后附有施工方案、施工组织和计划的较详细的说明。它们是报价的依据,同时又是为完成合同责任所做的详细的计划和安排。

9.评标、决标、发中标函

(1)评标。业主在通过澄清会议后,全面了解了各投标人的标书内容,包括报价、方案、组织的细节问题,在此基础上进行评标,作评标报告。它是在对各投标文件分析,澄清会议的基础上,按照预定的评价指标作出的。

(2)决标。按照评标报告的分析结果,根据招标规则规定,确定中标单位。现在一般多采用多指标评分的办法,综合考虑价格、工期、实施方案、项目组织等方面因素,分别赋予不同的权重,进行评分,以确定中标单位。

(3)发中标函。对选定的中标单位发出通知。发出中标函是业主的承诺。按照国际惯例,这时合同已正式生效。

任务二　编制建设工程投标文件

 工作步骤

> 步骤一　领取招标文件
> 步骤二　研读招标文件
> 步骤三　编制技术标
> 步骤四　编制商务标

 知识链接

一、招标文件的相关要求

投标人取得投标资格,获取投标文件之后的首要工作就是仔细地阅读招标文件,充分了解其内容和要求,以便有针对性地安排投标工作。投标人应该重点注意以下几个方面的问题:

(1)投标人须知。了解招标工程的详细内容和范围,避免漏报或多报;注意投标文件的组成,避免因提供的资料不全而作为废标处理;还要注意招标答疑时间、投标截止时间等重要信息。

(2)投标书附录与合同条件。这是招标文件的重要组成部分,其中可能标明了招标人的特殊要求,即投标人在中标后应享受的权利、所要承担的义务和责任,投标人在报价时需要考虑这些因素。

(3)技术说明。要研究招标文件中的施工技术说明,熟悉所采用的技术规范,了解技术说明中有无特殊施工技术要求和有无特殊材料设备要求,以及有关选择代用材料、设备的规定,以便根据相应的定额和市场确定价格。

(4)永久性工程之外的报价补充文件。不同的业主可能会对承包商提出额外的要求,这些包括:对旧有建筑物设施的拆除,工程师的现场办公室及各项开支、模型、广告、工程照片和会议费用等。如果有则需将其费用列入工程总价,以免漏项。

二、进行各项调查研究

投标人应对招标工程的自然、经济和社会条件进行调查,这些都是工程施工的制约因素,必然会影响到工程成本,是投标报价必须考虑的,所以在报价之前要了解清楚。

(1)市场宏观经济环境调查。应调查工程所在地的经济状况,包括与投标工程实施有关的法律法规、劳动力和材料的供应情况、设备市场的租赁状况、专业施工单位的经营状况与价格水平。

(2)工程现场考察的工程所在地区的环境考察。认真考察施工现场,认真调查具体工程所在地区的环境,包括自然环境、施工环境,譬如地质地貌、气候、交通、水电等的供应和其他资源情况等。

(3)工程业主方和竞争对手公司的调查。主要是业主项目资金的落实情况,参加竞争的其他公司与工程所在地的工程公司的情况。

三、复核工程量清单

对于单价合同,尽管是以实测工程量结算工程价款,但投标人仍然应根据图纸仔细核算工程量,当发现相差较大时,投标人应向招标人要求澄清。

对于总价固定合同,更要特别引起重视,工程量估算的错误可能带来无法弥补的经济损失,因为总价合同是以总报价为基础进行结算的,如果工程量出现差异,可能对施工方极为不利。对于总价合同,如果业主在投标前对争议工程量不予更正,而且是对施工方不利的情况,投标者在投标时应附上申明:工程量表中有错误,施工结算应按照实际完成量计算。

承包商在核算工程量时,还是要结合招标文件的技术规范弄清工程量清单中每一细目的具体内容,避免出现错误和遗漏。

四、选择施工方案

施工方案是报价的基础和前提,也是招标人评标时要考虑的重要因素之一。有什么样的方案,就有什么样的人工、机械和材料消耗,就会有相应的报价。因此,必须弄清楚分项工程的内容、工程量、所包含的相关工作、工程进度计划的各项要求、机械设备状态、劳动与组织状况等关键环节,据此制订施工方案。

施工方案应该由投标方的技术负责人主持制定,主要应考虑施工方法、主要施工机具的配置、各工种劳动力的安排及现场施工人员的平衡、施工进度及分批竣工的安排、安全措施等。施工方案的制订应在技术、工期和质量保证等方面对投标人有吸引力,同时又有利于降低施工成本。

选择施工方案时应注意以下问题:

(1)要根据工程的实际情况选择经济合理的施工方法,以有利于工期、成本、进度目标的实现。

（2）根据施工方法选择相应的机具设备的数量和周期,研究确定是采购新设备还是租赁当地设备。

（3）要考虑工程分包计划,估算劳动力消耗量、来源和进场时间安排,再根据劳动力消耗量,估算所需要的生活临时设施的数量和标准。

（4）要用概略指标估算主要的和大宗建筑材料的需用量,考虑其来源和分批进场的时间安排,从而尽可能地估算现场用于存储和加工的临时设施,譬如仓库、露天堆放场、加工场地或工棚等。

（5）根据现场设备、高峰人数和一切生产和生活方面的需要,估算现场用水、用电量,确定临时供水供电和排水设施;考虑外部和内部材料供应的运输方式,估计运输和交通车辆的需要和来源;考虑其他临时工程的需要和建设方案;提出某些特殊条件下保证正常施工的措施,譬如冬雨季施工措施以及临时围墙、夜间照明、警卫设施等。

五、投标计算

投标计算是投标人对招标工程施工所发生的各项费用的计算。在进行投标计算时,必须首先根据招标文件复核或计算工程量。作为投标计算的必要条件,应预先确定施工方案和施工进度。此外,投标计算还必须与采用的合同形式相协调。

六、确定投标策略

正确的投标策略对提高中标率并获得较高的利润有重要作用。通常的投标策略有以信誉取胜、以低价取胜、以缩短工期取胜等。不同的投标策略要在不同的投标阶段的工作中体现和贯彻。

七、正式投标

投标人按照招标人的要求完成标书的准备与填报之后,就可以向招标人正式提交投标文件。在投标时需要注意以下几个方面。

（1）注意投标的截止日期。投标人所规定的投标截止日期就是提交标书的最后期限。投标人在招标截止日之前所提交的投标是有效的,超过该日期之后就会被视为无效投标。在招标文件要求提交投标文件的截止时间之后送达的投标文件,招标人可以拒收。

（2）投标文件的完备性。投标人应按照招标文件的要求编制投标文件。投标文件应对招标文件提出的实质性要求和条件作出响应。投标不完备或者没有达到招标人的要求,在招标范围以外提出新的要求,均视为对招标文件的否定,不会被招标人接受。投标人要对自己投出的标负责,一旦中标必须按照投标文件中所阐述的方案来完成工程,这其中包括质量标准、进度和工期计划、报价限额等基本指标以及招标人提出的其他要求。

（3）注意标书的标准。标书的提交有固定的要求,基本内容是:签章、密封。如果不密封或者密封不满足要求,投标是无效的。投标书还需要按照要求签章,投标书需要盖有投标企业公章及企业法人签名。如果项目所在地与企业距离较远,由当地项目经理组织投标,需要提交企业业法人对投标项目经理的授权委托书。

（4）注意投标的担保。通常投标需要提交投标担保。

任务三 编制建设工程索赔及反索赔文件

 工作步骤

> 步骤一 编制建设工程索赔文件
> 步骤二 编制建设工程反索赔文件

知识链接

一、建设工程索赔概述

建设工程索赔通常是指在建设工程合同履行过程中,合同当事人一方因对方不履行或未能正确履行合同或者其他非自身因素而受到经济损失或权利损害,通过合同规定的程序向对方提出经济或时间补偿要求的行为。索赔是一种正当的权利要求,它是合同当事人之间一项正常而且普遍存在的合同管理业务,是一种以法律和合同为依据的合情合理的行为。

(一)索赔的起因

索赔可能由以下一个或者几个方面的原因引起:

(1)合同对方违约,不履行或者未能完全履行;

(2)合同错误,如合同条文不全、错误、矛盾等,设计图纸、技术规范错误等;

(3)合同变更;

(4)工程环境变化,包括法律、物价和自然条件的变化等;

(5)不可抗力因素,如恶劣的气候条件、地震、洪水、战争状态等。

(二)索赔的分类

(1)按索赔目的分类:可以分为工期索赔和费用索赔。工期索赔,一般指承包人向业主或者分包人向承包人要求延长工期;费用索赔,即要求补偿经济损失,调整合同价格。

(2)按索赔事件的性质分类:可以分为工程延期索赔、工程加速索赔、工程终止索赔、不可预见的外部障碍或者条件索赔、不可抗力事件引起的索赔、其他索赔(譬如货币贬值、汇率变化、物价变化、政策法令变化等原因引起的索赔)。

(3)按索赔当事人分类:可以分为业主向承包商的索赔、承包商向业主的索赔、承包商与分包商之间的索赔、承包商与供货商之间的索赔。

(三)反索赔的概念

反索赔就是反驳、反击或者防止对方提出索赔,不让对方索赔成功或者全部成功。一般认为,索赔是双向的,业主和承包商都可以向对方提出反索赔要求,任何一方也可以对对方提出的索赔要求进行反驳和反击,这种反驳或者反击就是反索赔。

(四)索赔成立的条件

1.构成施工项目索赔条件的事件

索赔事件,又称为干扰事件,是指那些使实际情况和合同规定不符合,最终引起工期和费用发生变化的各类事件。通常,承包商可以提起索赔的事件有:

(1)发包人违反合同给承包人造成工期、费用的损失;

(2)因工程变更(含设计变更、发包人提出的工程变更、监理工程师提出的工程变更,以及承包人提出经监理工程师批准的变更)造成的工期、费用损失;

(3)由于监理工程师对合同文件的歧义解释、技术资料不确切,或由于不可抗力导致施工条件的改变,造成时间、费用的增加;

(4)发包人提出提前完成项目或缩短工期而造成承包人费用的增加;

(5)发包人延误支付对承包人造成的损失;

(6)对合同规定以外的项目进行检验,且检验合格,或非承包人的原因导致项目缺陷的修复所发生的损失或者费用;

(7)非承包人原因导致工程暂时停工;

(8)物价上涨,法规变化及其他。

2.索赔成立的前提条件

索赔的成立,应该同时具备以下三个条件:

(1)与合同对照,事件造成了承包商工程项目成本的额外支出,或直接工期损失;

(2)造成费用增加或者工期损失的原因,按合同预定不属于承包商的行为责任或风险责任;

(3)承包人按合同规定的程序和时间提交索赔意向通知书和索赔报告。

二、建设工程索赔的程序

通常将索赔工作分为两个阶段,即内部处理阶段和解决阶段。每个阶段又分为许多工作。在国际工程中,索赔工作细分为如下几大步骤:

(一)索赔意向通知

在干扰事件发生后,承包商必须抓住索赔机会,迅速作出反应,在一定时间内(FLDIC 条件规定为 28 天),向工程师和业主递交索赔意向通知。该项通知是承包商就具体的干扰事件向工程师和业主表示的索赔愿望和要求,是保护自己索赔权利的措施。如果超过这个期限,工程师和业主有权拒绝承包商的索赔要求。在国际工程中许多承包商因未能遵守这个期限规定,致使合理的索赔要求无效。

(二)索赔的内部处理

一经干扰事件发生,承包商就应进行索赔处理工作,直到正式向工程师和业主提交索赔报告。这一阶段包括许多具体的复杂的分析工作。

(1)事态调查,即寻找索赔机会。通过对合同实施的跟踪、分析、诊断,发现索赔机会,则应对它进行详细的调查和跟踪,以了解事件经过、前因后果,掌握事件详细情况。在实际工作中,事态调查可以用合同事件调查表进行。

(2)干扰事件原因分析,即分析这些干扰事件是由谁引起的,它的责任该由谁来负担。一般只有非承包商责任的干扰事件才有可能提出索赔。如果干扰事件责任常常是多方面的,则必须划分各人的责任范围,按责任大小,分担损失。

(3)索赔根据,即索赔理由,主要是指合同条文,必须按合同判明干扰事件是否违约,是否在合同规定的赔(补)偿范围之内。只有符合合同规定的索赔要求才有合法性,才能成立。对此必须全面地分析合同,对一些特殊的事件必须作出合同扩展分析。

(4)损失调查,即为干扰事件的影响分析。它主要表现为工期的延长和费用的增加。如果干扰事件不造成损失,则无索赔可言。损失调查的重点是收集、分析、对比实际和计划的施工进度,以及工程成本和费用方面的资料,并在此基础上计算索赔值。

(5)搜集证据。一经干扰事件发生,承包商应按工程师的要求做好并在干扰事件持续期间内保持完整的当时记录,接受工程师的审查。证据是索赔有效的前提条件。如果在索赔报告中提不出证据,索赔要求是不能成立的。按 FIDIC 条件,承包商最多只能获得有证据能够证实的那部分索赔要求的支付。所以承包商必须对这个问题有足够的重视。

(6)起草索赔报告。索赔报告是上述各项工作的结果和总括。它是由合同管理人员在其他项目管理职能人员配合和协助下起草的。它表达了承包商的索赔要求和支持这个要求的详细依据。它将由工程师、业主或调解人或仲裁人审查、分析、评价。所以它决定了承包商的索赔地位,是索赔要求能否获得有利和合理解决的关键。

(三)提交索赔报告

承包商必须在合同规定的时间内向工程师和业主提交索赔报告。FIDIC 条件规定,承包商必须在索赔意向通知发出后的 28 天内,或经工程师同意的合理时间内递交索赔报告。如果干扰事件持续时间长,则承包商应按工程师要求的合理时间间隔,提交中间索赔报告(或阶段索赔报告),并于干扰事件影响结束后的 28 天内提交最终索赔报告。

(四)解决索赔

从递交索赔报告到最终获得赔偿的支付是索赔的解决过程。这个阶段工作的重点是:通过谈判或调解或仲裁,使索赔得到合理的解决。

(1)工程师审查分析索赔报告,评价索赔要求的合理性和合法性。如果觉得理由不足,或证据不足,可以要求承包商作出解释,或进一步补充证据,或要求承包商修改索赔要求,由工程师作出索赔处理意见,并提交业主。

(2)根据工程师的处理意见,业主审查、批准承包商的索赔报告。业主也可能反驳,否定或部分否定承包商的索赔要求。承包商常常需要作进一步的解释和补充证据;工程师也需就处理意见作出说明。三方就索赔的解决进行磋商,达成一致,这里可能有复杂的谈判过程。对达成一致的,或经工程师和业主认可的索赔要求(或部分要求),承包商有权在工程进度付款中获得支付。

(3)如果承包商和业主双方对索赔的解决达不成一致,有一方或双方都不满意工程师的处理意见(或决定),则产生了争执。双方必须按照合同规定的程序解决争执,最典型的和在国际工程中通用的是 FIDIC 合同条件规定的争执解决程序。

项目习题

1.用流程图描述业主招标工作过程。

2.我国的许多承包商在投标过程中十分重视图纸的分析与研究,而忽视对投标人须知、合同条件和规范的研究,这可能会产生哪些危害?

3.有些承包商认为,在投标阶段发现招标文件中有错误、遗漏、含义不清的地方,是承包商的索赔机会,不必向业主澄清。你觉得这种观点对吗?为什么?

4.某建设单位 A 为建设一座炼铝厂决定自行招标。A 在招标文件中特别申明:第一,本次招标采用两阶段招标方法;第二,各投标单位的投标书中必须附有可用以操作的施工组织计划;第三,不管中不中标,决标后有关投标书一律不予退还。

施工单位 B 在招标的第一阶段初步审查中就被刷了下来。B 单位参与投标的人员很不服气,认为:B 单位投标标的值合理精确,不可能距标底太远;B 单位资质和信用等级在工程界是名列前茅的,不应该因资格问题被刷;B 单位施工组织计划有高手操作,自认为是"拿手菜",不应该因这方面的事情出局。B 单位几番申诉,竟毫无效果。

后来 B 单位了解到:最终中标的是 C 单位,而 C 单位是 A 单位在开展招标活动前新成立的施工单位;C 单位在施工中用高薪挖走了原 B 单位编制施工组织计划的高手,所使用的施工组织计划就是 B 单位的知识财富。B 单位愤怒之余,将 A、C 两单位告上了法庭。

请问:

(1)建设单位自行招标应具备哪些条件?

(2)招标文件中提出特别要求应当履行什么手续?

(3)招标活动中不退还投标书应当设置怎样的前提条件?

(4)A 单位自导自演的招标活动应当怎样处理?

(5)C 单位"挖墙脚"和使用 B 单位施工组织计划的行为是什么行为?

(6)谈谈你对本案例的综合看法和结果预测。

项目七
建设工程职业健康安全与环境管理

学习目标

知识目标 理解工程项目职业健康与环境管理的基本概念;掌握工程项目施工安全控制的程序及措施方法;了解安全事故的分类及处理;掌握建设工程项目环境保护措施;掌握现场文明施工与环境保护方案的编制方法。

能力目标 具备工程项目施工安全控制基本能力,能进行建筑工程职业健康安全事故的分类和处理,能进行文明施工和现场环境保护方案编制。

案例导入

某公司承接了某小区 7 号楼的施工任务。2007 年 8 月 16 日,电焊工张某在工地 9 层楼梯间进行配电箱避雷跨接作业。电焊机原来放在 11 层,他本应从楼内将焊机移到 9 层或从内拉线进行作业,但张某图省事,欲将电焊机从 11 层通廊外扔向 8 层通廊,结果焊把线落到了 8 层通廊顶槽内;王某从 9 层窗口去接焊把线,因重心失稳,不幸从 9 层窗口坠到首层采光井顶板上,坠落高度 20 米,当场死亡。

经调查,电焊工张某是刚刚从农村来此做工不久的农民,虽然经过了培训,考核合格,但还未拿到特种作业上岗证。该项目安全管理工作涣散,制度执行不力,缺乏对职工进行安全生产有关法律、法规知识的培训教育,造成施工人员在法律知识和安全意识上淡漠、违章、冒险、蛮干。

问题:
(1)分析造成这起事故的原因。
(2)分部工程安全技术交底的要求和主要内容是什么?
(3)简述建立安全管理体系的要求。

任务一 编制建设工程职业健康安全管理措施

 工作步骤

> 步骤一 建设工程职业健康安全管理体系的建立与实施
> 步骤二 建设工程职业健康安全管理措施
> 步骤三 职业健康安全检查
> 步骤四 职业健康安全事故的分类和处理

知识链接

一、建设工程职业健康安全与环境管理概述

1.职业健康安全与环境管理的概念

职业健康安全管理就是在生产活动中,组织安全生产的全部管理活动,通过对生产因素具体的状态控制,使生产因素的不安全行为和状态减少或消除,并不引发事件,尤其是不引发使人受到伤害的事故,以保证生产活动中人的安全和健康。

环境管理就是在生产活动中,通过对环境因素的管理活动,使环境不受到污染,使资源得到节约。

环境管理体系是整个管理体系的一个组成部分,包括为制定、实施、实现、评审和保持环境方针所需的组织结构、计划活动、职责、惯例、程序、过程和资源。

2.职业健康安全与环境管理的目的

建设工程项目的职业健康安全管理的目的是保护产品生产者和使用者的健康与安全。要控制影响工作场所内员工、临时工作人员、合同方人员、访问者和其他人员健康和安全的条件和因素,考虑和避免因使用不当对使用者造成的健康和安全的危害。

建设工程项目环境管理的目的是保护生态环境,使社会的经济发展与人类的生存环境相协调。要控制作业现场的各种粉尘、废水、废气、固体废弃物以及噪声、振动对环境的污染和危害,考虑能源节约和避免资源的浪费。

3.职业健康安全与环境管理的任务

职业健康安全与环境管理的任务是:建筑生产组织(企业)为达到建筑工程职业健康安全与环境管理的目的而进行的组织、计划、控制、领导和协调的活动,包括制定、实施、实现、评审和保持职业健康安全与环境方针所需的组织结构、计划活动、职责、惯例、程序、过程和资源,并为此建立职业健康安全与环境管理体系。

环境管理与职业健康安全管理是密切联系的两个管理方向。如果环境管理工作做得好,会对安全管理工作有着很大的促进作用。相反,如果没有做好环境管理工作,则会对安全管理产生很大的负面影响。同时,安全管理工作做得好,也会给工程项目带来良好的施工环境和生活环境。

二、建设工程职业健康安全管理体系的建立与实施

1.职业健康安全管理体系的简介

职业健康安全管理体系是用系统论的理论和方法来解决依靠人的可靠性和安全技术的可靠性所不能解决的生产事故和劳动疾病的问题,即从组织管理上来解决职业健康安全问题。组织实施职业健康安全管理体系的目的是辨别组织内部存在的危险源,控制其带来的风险,从而避免或减少事故的发生。

职业健康安全管理体系(OHSMS)是 20 世纪 80 年代后期在国际上兴起的现代安全生产管理模式,制定职业健康安全标准是出于两方面的要求。一方面是企业自身发展的要求,随着

企业规模的扩大和生产集约化程度的提高,对企业的质量管理和经营模式提出了更高的要求。企业必须采用现代化的管理模式,使包括安全生产管理在内的所有生产经营活动科学化、规范化和法制化。职业健康安全管理体系产生的另外一个重要原因是世界经济全球化和国际贸易发展的需要。WTO 的最基本原则是公平竞争,其中包含环境和职业健康安全问题。我国已经加入 WTO,在国际贸易中享有与其他成员国相同的待遇,职业健康安全问题对我国社会与经济发展产生巨大的影响。因此,我国必须大力推广职业健康安全管理体系。

环境管理是随着科学技术的发展而产生的。科学技术的发展既带来了繁荣也带来了环境保护问题。1993 年国际标准化组织成立了环境管理技术委员会,开始了对环境管理体系的国际通用标准的制定工作。1996 年公布了 ISO14001《环境管理体系——规范及使用指南》,以后又公布了若干标准,形成了体系。我国从 1996 年开始就以等同的方式,颁布了《环境管理体系规范及使用指南》,此后又陆续颁布了其他有关标准,均作为我国的推荐性标准,以便于与国际接轨。

 特别提示

职业健康安全管理体系、环境管理体系(ISO 14000)与质量管理体系(ISO 9000)并列为三大管理体系,是目前世界各国广泛推行的一种先进的现代化的生产管理方法。

2. 职业健康安全与环境管理体系的目标

通过建立职业健康安全管理体系,可以使施工现场人员面临的安全风险减小到最低程度,实现预防和控制伤亡事故、职业病等;通过改善劳动者的作业条件,提高劳动者身心健康和劳动效率,直接或间接地使企业获得经济效益;实现以人为本的安全管理,人力资源的质量是提高生产率水平和促进经济增长的重要因素,安全管理体系将是保护和发展生产力的有效方法;此外,通过建立安全管理体系,将提升企业的品牌和市场竞争力,促进项目管理现代化,增强对国家经济发展的贡献能力。通过建立项目环境管理体系,规范企业和社会团体等所有组织的环境表现,使之与社会经济发展相适应,并且对生态环境质量加以改善,减少人类各项活动所造成的环境污染,节约能源,从而促进经济的可持续发展。

3. 职业健康安全与环境管理体系的建立和实施

为适应现代职业健康安全和环境管理的需要,达到预防和减少生产事故和劳动疾病、保护环境的目的,职业健康安全与环境管理体系的运行模式采用了一个动态循环并螺旋上升的系统化管理模式,该模式的规定为职业健康安全与环境管理体系提供了一套系统化的方法,指导其组织合理有效地推行其职业健康安全与环境管理工作。该模式分为五个过程,即制定职业健康安全(环境)方针、策划、实施和运行、检查和纠正措施以及管理评审等五大过程。这五个基本部分包含了职业健康安全与环境管理体系的建立过程和建立后有计划地评审及持续改进的循环,以保证组织内部职业健康安全与环境管理体系的不断完善和提高。职业健康安全与环境管理体系的运行模式如图 7-1 所示。

三、建设工程职业健康安全管理措施

施工项目职业健康安全管理,是指工程项目负责人对建设工程施工安全生产进行计划、组

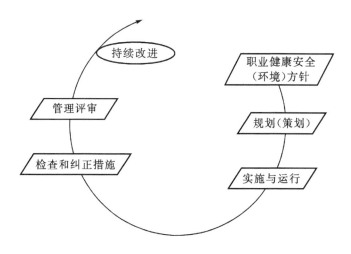

图 7-1 职业健康安全与环境管理体系运行模式图

织、指挥、协调和监控的一系列活动,从而保证施工中的人身安全、设备安全、结构安全、财产安全和适宜的施工环境。安全管理措施是安全管理的方法和手段,根据建筑施工生产的特点,其安全管理措施具有鲜明的行业特点,归纳起来,施工项目职业健康安全管理措施主要有以下几个方面。

1. 建立职业健康安全生产责任制

建立职业健康安全生产责任制是做好安全管理工作的重要保证,在工程实施以前,由项目经理部对各级负责人、各职能部门以及各类施工人员在管理和施工过程中对应当承担的责任作出的明确规定。也就是把安全生产责任分解到岗,落实到人,具体表现在以下几个方面。

(1)在工程项目施工过程中,必须有符合项目特点的安全生产制度,安全生产制度要符合国家和地方,以及本企业的有关安全生产政策、法规、条例、规范和标准。参加施工的所有管理人员和工人都必须认真执行并遵守制度的规定和要求。

(2)建立、健全安全管理责任制,明确各级人员的安全责任,这是搞好安全管理的基础。从项目经理到一线工人,安全管理做到纵向到底,一环不漏;从专门管理机构到生产班组,安全生产做到横向到边,层层有责。

(3)施工项目应通过监察部门的安全生产资质审查,并得到认可。其目的是为了严格规范安全生产条件,进一步加强安全生产的监督管理,防止和减少安全事故的发生。

(4)一切从事生产管理与操作的人员,应当依照其从事的生产内容和工种,分别通过企业、施工项目的安全审查,取得安全操作许可证,进行持证上岗。特种工种的作业人员,除必须经企业的安全审查外,还需按规定参加安全操作考核,取得监察部门核发的安全操作合格证。

2. 进行职业健康安全教育培训

认真搞好职业健康安全教育是职业健康安全管理工作的重要环节,是提高全员职业健康安全素质、职业健康安全管理水平和防止事故,从而实现职业健康安全生产的重要手段。

(1)项目经理部的安全教育。其具体内容为:国家和当地政府的安全生产方针、政策、安全生产法律、法规、部门规章、制度和安全纪律、安全事故分析和处理案例。

(2)作业队安全教育培训。其具体内容为:本队承担施工任务的特点、施工安全基本知识、安全生产制度;相关工种的安全技术操作规程;机械设备、电气、高空作业等安全基本知识;防火、防毒、防爆、防洪、防雷击、防触电、防高空坠落、防物体打击、防坍塌、防机械车辆伤害等知识及紧急安全处理知识;安全防护用品发放标准;防护用具、用品使用基本知识。

(3)班组安全教育培训。其具体内容为:本班组作业特点及安全操作规程;班组安全生产制度及纪律;爱护和正确使用安全防护装置(设施)及个人劳动防护用品知识;本岗位的不安全因素及防范对策;本岗位的作业环境、使用的机具安全要求。

(4)特殊工种的安全培训。对从事电工、压力容器操作、爆破作业、金属焊接、井下检验、机动车驾驶、机动船舶驾驶、高空作业等特殊工种的作业人员,必须经国家认可的具有资质的单位进行安全技术培训,考试合格并取得上岗证书方可上岗作业。

3. 职业健康安全技术交底

职业健康安全技术交底是指导工人安全施工的技术措施,是项目职业健康安全技术方案的具体落实。职业健康安全技术交底一般由技术管理人员根据分部分项工程的具体要求、特点和危险因素编写,是操作者的指令性文件,因而要具体、明确、针对性强,不得用施工现场的职业健康安全纪律、职业健康安全检查等制度代替,在进行工程技术交底的同时进行职业健康安全技术交底。

(1)交底组织。设计图技术交底由公司工程部负责,向项目经理、技术负责人、施工队长等有关部门及人员交底。各工序、工种由项目责任工长负责向各班组长交底。

(2)安全技术交底的基本要求。项目经理部必须实行逐级安全技术交底制度,纵向延伸到班组全体作业人员;技术交底必须具体、明确,针对性强;技术交底的内容应针对分部分项工程施工中给作业人员带来的潜在危害和存在问题;应优先采用新的安全技术措施;应将工程概况、施工方法、施工程序、安全技术措施等向工长、班组长进行详细交底;定期向由两个以上作业队和多工种进行交叉施工的作业队伍进行书面交底;保持书面安全技术交底签字记录。

(3)项目经理部技术交底重点。

①图纸中各分部分项工程的部位及标高,轴线尺寸,预留洞,预埋件的位置、结构设计意图等有关说明。

②施工操作方法,对不同工种要分别交底,施工顺序和工序间的穿插、衔接要详细说明。

③新结构、新材料、新工艺的操作工艺。

④冬雨季施工措施及在特殊施工中的操作方法与注意事项、要点等。

⑤对原材料的规格、型号、标准和质量要求。

⑥各种混合材料的配合比添加剂要求详细交底,必要时对第一使用者负责示范。

⑦各工种各工序穿插交接时可能发生的技术问题预测。

⑧凡发现未进行技术底面施工者,罚款 500～1 000 元。

(4)交底方法。技术交底可以采用会议口头形式、文字图表形式,甚至示范操作形式,视工程施工复杂程度和具体交底内容而定。各级技术交底应有文字记录,关键项目、新技术项目应作文字交底。

知识窗

安全技术交底主要内容包括以下内容:

(1)该工程项目的施工作业特点和危险点。

(2)针对危险点的具体预防措施。

(3)应注意的安全事项。

(4)相应的安全操作规程和标准。

(5)发生事故后应及时采取的避难和急救措施。

4.施工现场安全管理规定

(1)施工单位应在施工现场入口处、施工起重机械、临时用电设施、脚手架、出入通道口、楼梯口、电梯井口、孔洞口、桥梁口、隧道口、基坑边沿、爆破物及有害危险气体和液体存放处等危险部位,设置明显的安全警示标志。安全警示标志必须符合国家标准。

(2)现场的办公、生活区与作业区分开设置,并保持安全距离;办公、生活区的选址应当符合安全性要求。职工的膳食、饮水、休息场所等应当符合卫生标准。施工单位不得在尚未竣工的建筑物内设置员工集体宿舍。

(3)施工单位应在施工现场建立消防安全责任制度,确定消防安全责任人,制定用火、用电、使用易燃易爆材料等各项消防安全管理制度和操作规程,设置消防通道、消防水源,配备消防设施和足够的有效的灭火器材,指定专门人员定期维护保持设备良好,并在施工现场入口处设置明显标志,建立消防安全组织,坚持对员工进行防火安全教育。

(4)施工现场安全用电规定。施工单位应在施工现场建立施工现场安全用电责任制度,确定安全用电责任人,制定安全用电规章制度,坚持对员工进行施工现场用电安全教育。

(5)施工现场安全纪律。施工现场应制定严格的安全纪律规章制度。

(6)个人劳动保护和安全防护用品的使用规定。现场工人的劳动保护用品和安全防护用品要严格按照使用规定来进行配备。

四、职业健康安全检查

职业健康安全检查的目的是为了消除隐患、防止事故、改善劳动条件及提高员工安全生产意识的重要手段,是进行职业健康安全管理措施中的一项重要内容。通过安全检查可以发现工程中的危险因素,以便有计划地采取措施,保证安全生产。施工项目的安全检查应由项目经理组织,定期进行。

1.职业健康安全检查的分类

职业健康安全检查可分为日常性检查、专业性检查、季节性检查、节假日前后的检查和不定期检查。

2.职业健康安全检查的主要内容

(1)查思想。主要检查企业领导和职工对安全生产工作的认识。

(2)查管理。主要检查工程的安全生产管理是否有效。主要内容包括安全生产责任制、安全技术措施计划、安全组织机构、安全保证措施、安全技术交底、安全教育、持证上岗、安全设施、安全标志、操作规程、违规行为和安全记录等。

(3)查隐患。主要检查作业现场是否符合安全生产、文明生产的要求。

(4)查整改。主要检查过去提出问题的整改情况。

(5)查事故处理。对安全事故的处理应达到查明事故原因、明确责任并对责任者作出处理、明确和落实整改措施等要求。同时还应检查对伤亡事故是否及时报告、认真调查、严肃处理。

3. 职业健康安全检查的方法

随着职业健康安全管理科学化、标准化、规范化的发展,目前职业健康安全检查基本上都采用职业健康安全检查表和一般检查方法,进行定性定量的职业健康安全评价。

(1)职业健康安全检查表是一种初步的定性分析方法,它通过事先拟定的职业健康安全检查明细表或清单,对职业健康安全生产进行初步的诊断和控制。

(2)职业健康安全检查一般方法主要是通过看、量、测、现场操作等手段进行检查。"看":主要查看管理资料、持证上岗、现场标志、交接验收资料、"安全三宝"使用情况、"洞口"防护情况、"临边"防护情况、设备防护装置等。"量":主要是用尺实测实量。"测":用仪器、仪表实地进行测量。"现场操作":由司机对各种限位装置进行实际运作,检验其灵敏程度。

五、建设工程职业健康安全事故的分类和处理

1. 建设工程职业健康安全事故的分类

事故即造成死亡、疾病、伤害、损坏或其他损失的意外情况。职业健康安全事故分两大类型,即职业伤害事故与职业病。职业伤害事故是指因生产过程及工作原因或与其相关的其他原因造成的伤亡事故。

(1)按照事故发生的原因分类。按照我国《企业职工伤亡事故分类》(GB 6441—1986)规定,职业伤害事故分为 20 类,其中与建筑业有关的有以下 12 类:物体打击,车辆伤害,机械伤害,起重伤害,触电,灼烫,火灾,处坠落,坍塌,火药爆炸,中毒和窒息,其他伤害。

(2)按事故后果严重程度分类。

①轻伤事故:造成职工肢体或某些器官功能性或器官质性轻度损伤,表现为劳动能力轻度或暂时丧失的伤害,一般每个受伤人员休息 1 个工作日以上,105 个工作日以下。

②重伤事故:一般指受伤人员肢体残缺或视觉、听觉等器官受到严重损伤,能引起人体长期存在功能障碍或劳动能力有重大损失的伤害,或者造成每个人受伤人损失 105 工作日以上的失能伤害。

③死亡事故:一次事故中死亡职工 1～2 人的事故。

④重大伤亡事故:一次事故中死亡 3 人以上(含 3 人)的事故。

⑤特大伤亡事故:一次伤亡 10 人以上(含 10 人)的事故。

⑥特别重大伤亡事故:按照原劳动部对国务院第 34 号令《特别重大事故调查程序暂行规定》(以下简称《规定》)有关条文解释,凡符合下列情况之一者即为《规定》所称特别重大伤亡事故:民航客机发生的机毁人亡(死亡 40 人及其以上)事故;专机和外国民航客机在中国境内发生的机毁人亡事故;铁路、水运、矿山、水利、电力事故造成一次死亡 50 人及其以上,或者一次造成直接经济损失 1 000 万元及其以上的;公路和其他发生一次死亡 30 人及其以上或直接经济损失在 500 万元及其以上的事故(航空、航天器科研过程中发生的事故除外);一次造成职工和居民 100 人及其以上的急性中毒事故;其他性质特别严重产生重大影响的事故。

2. 职业健康安全事故的处理

(1)职业健康安全事故的处理原则。对于发生的安全事故必须坚持"四不放过"的原则。"四不放过"是指在因工伤亡事故处理中,必须坚持"事故原因不清楚不放过,事故责任者和员工没有受到教育不放过,事故责任者没有处理不放过,没有制定防范措施不放过"的原则。

（2）职业健康安全事故的处理程序。

①迅速抢救伤员并保护好事故现场。事故发生后现场人员不要惊慌失措,要有组织、听指挥首先抢救伤员和排除险情,制止事故蔓延扩大。同时,为了事故调查分析需要,应该保护好事故现场,采取一切可能的措施防止人为或自然因素的破坏。

②组织调查组。在接到事故报告后的单位领导,应立即赶赴现场组织抢救,并迅速组织调查组开展调查。事故根据严重程度组成相应的调查组来进行调查,如伤亡事故由企业主管部门会同企业所在地区的行政安全部门、公安部门、工会组成事故调查组进行调查,与发生事故有直接利害关系的人员不得参加调查组。

③现场勘查。在事故发生后,调查组应速到现场进行勘查。现场勘查是技术性很强的工作,涉及广泛的科技知识和实践经验,对事故的现场勘察必须及时、全面、准确、客观。现场勘察的主要内容有现场笔录、现场拍照和现场绘图。

④分析事故原因。通过全面的调查来查明事故经过,弄清造成事故的原因包括人、物、生产管理和技术管理等方面的问题,经过认真、客观、全面、细致、准确的分析,确定事故的性质,以及事故中的直接责任者和领导责任者,再根据其在事故发生过程中的作用确定主要责任者。

⑤事故性质类别。判断事故的性质,根据事故发生的原因可把事故分为责任事故、非责任事故、破坏性事故。

⑥制定预防措施。根据对事故原因分析,制定防止类似事故再次发生的预防措施。同时,根据事故后果和事故责任者应负的责任提出处理意见。对于重大未遂事故不可掉以轻心,也应严肃认真按上述要求查找原因,分清责任严肃处理。

⑦写出调查报告。调查组应着重把事故发生的经过、原因、责任分析、处理意见以及本次事故的教训和改进工作的建议等写成报告,经调查组全体人员签字后报批。如调查组内部意见有分歧,应在弄清事实的基础上,对照法律法规进行研究统一认识。对于个别同志仍持有不同意见的允许保留,并在签字时写明自己的意见。

⑧事故的审理和结案。

A.事故调查处理结论应经有关机关审批后方可结案。伤亡事故处理工作应当在90日内结案,特殊情况不得超过180日。

B.事故案件的审批权限同企业的隶属关系及人事管理权限一致。

C.对事故责任者的处理应根据其情节轻重和损失大小来判断。主要责任、次要责任、重要责任、一般责任还是领导责任等按规定给予处分。

D.要把事故调查处理的文件、图纸、照片、资料等记录长期完整地保存起来。

⑨员工伤亡事故登记记录,记录内容如下:员工重伤、死亡事故调查报告书,现场勘察资料（记录、图纸、照片）;技术鉴定和试验资料;物证人证调查材料;医疗部门对伤亡者的诊断结论及影印件;事故调查组人员的姓名、职务并应逐个签字;企业或其主管部门对该事故所作的结案报告;受处理人员的检查材料;有关部门对事故的结案批复等。

 知识窗

建筑工程施工现场常见的事故:高处坠落;物体打击;触电;机械伤害;坍塌事故。

任务二　编制建设工程环境保护措施

知识链接

环境保护是我国的一项基本国策。环境保护是指保护和改善施工现场的环境,要求企业按照国家、地方的法律、法规和行业、企业的要求,采取措施控制施工现场的粉尘、废气、固体废弃物以及噪声、振动等对环境的污染和危害,并且注意对资源的节约。

施工企业应提高环境保护意识,加强现场环境保护,做到和谐健康发展。

一、建设工程项目环境保护的意义

(1)保护和改善环境是保证人们身体健康的需要。工人是企业的主人,是施工生产的主力军。防止粉尘、噪声和水源污染,搞好施工现场环境卫生,改善作业环境,就能保证职工身体健康,使其积极投入施工生产。若环境污染严重,工人和周围居民均将直接受害。

(2)保护和改善施工现场环境是消除外部干扰保证施工顺利进行的需要。随着人们的法制观念和自我保护意识增强,尤其在城市施工,施工扰民问题反映突出,向政府主管部门反映的扰民来信来访增多。有的工地时常同周围居民发生冲突,影响施工生产,严重者被环保部门罚款整治,如果及时采取防治措施,就能防止污染环境,消除外部干扰,使施工生产顺利进行,再则,企业的根本宗旨是为人民服务,保护和改善施工环境事关国计民生,责无旁贷。

(3)保护和改善施工环境是现代化大生产的客观要求。现代化施工广泛应用新设备、新技术、新生产工艺,对环境质量要求很高。如果粉尘、振动超标就可能损坏设备、影响功能发挥,再好的设备,再先进的技术也难于发挥作用。例如,现代化搅拌站各种自动化设备、计算机、电视机、精密仪器等对环境质量有很严格的要求。环境保护是法律和政府的要求,是企业的行为准则。

二、建设工程项目环境管理的工作内容

项目经理负责现场环境管理工作的总体策划和部署,建立项目环境管理组织机构,制定相应制度和措施,组织培训,使各级人员明确环境保护的意义和责任。

项目经理部的工作应包括以下几个方面:

(1)按照分区划块原则,搞好项目的环境管理,进行定期检查,加强协调,及时解决发现的问题,实施纠正和预防措施,保持现场良好的作业环境、卫生条件和工作秩序,做到污染预防。

(2)对环境因素进行控制,制定应急准备和相应措施,并保证信息通畅,预防可能出现非预期的损害。在出现环境事故时,应消除污染,并应制定相应措施,防止环境二次污染。

(3)应保存有关环境管理的工作记录。

(4)进行现场节能管理,有条件时应规定能源使用指标。

三、建设工程项目环境保护措施

(1)实行环保目标责任制。把环保指标以责任书的形式层层分解到有关单位和个人,列入

承包合同和岗位责任制,建立一个懂行善管的环保监控体系。项目经理是环保工作的第一责任人,是施工现场环境保护自我监控体系的领导者和责任者,要把环保政绩作为考核项目经理的一项重要内容。

(2)加强检查和监控工作。要加强对施工现场粉尘、噪声、废气的检查、监测和控制工作。要与文明施工现场管理一起检查、考核、奖罚。及时采取措施消除粉尘、废气和污水的污染。

(3)保护和改善施工现场的环境。一方面,施工单位要采取有效措施控制人为噪声、粉尘的污染和采取措施控制烟尘、污水、噪声污染;另一方面,建设单位应该负责协调外部关系,同当地居委会、村委会、办事处、派出所、居民、施工单位、环保部门加强联系。要做好宣传教育工作,认真对待来信来访,凡能解决的问题,立即解决,一时不能解决的扰民问题,也要说明情况,求得谅解并限期解决。

(4)要有技术措施,严格执行国家法律、法规。在编制施工组织设计时,必须有环境保护的技术措施。在施工现场平面布置和组织、施工过程中都要执行国家、地区、行业和企业有关防治空气污染、水源污染、噪声污染等环境保护的法律、法规和规章制度。

(5)防止水、气、声、渣等的污染。环境保护的重点是防止水、气、声、渣的污染。但还应结合现场情况,注意其他污染,如光污染、恶臭污染等。具体措施如下:

①采取措施防止大气污染。大气污染物包括:

A.气体状态污染物。如二氧化硫、氮氧化物、一氧化碳、苯、苯酚、汽油等。

B.粒子状态污染物。包括降尘和飘尘。飘尘又称为可吸入颗粒物,易随呼吸进入人体肺脏,危害人体健康。

C.工程施工工地对大气产生的主要污染物有锅炉、熔化炉、厨房烧煤产生的烟尘,建材破碎、筛分、碾磨、加料过程、装卸运输过程产生的粉尘,施工动力机械尾气排放等。

施工现场空气污染的防治措施如下:

A.严格控制施工现场和施工运输过程中的降尘和飘尘对周围大气的污染,可采用清扫、洒水、遮盖、密封等措施降低污染。

B.严格控制有毒有害气体的产生和排放,如禁止随意焚烧油毡、橡胶、塑料、皮革、树叶、枯草、各种包装物等废弃物品,尽量不使用有毒有害的涂料等化学物质。

C.所有机动车的尾气排放应符合国家现行标准。

②防止水源污染措施。水体的主要污染源和污染物包括:

A.水体污染源。包括工业污染源、生活污染源、农业污染源等。

B.水体的主要污染物。包括各种有机和无机有毒物质以及热温等。有毒有机物质包括挥发酚、有机氯农药、多氯联苯等。有毒无机物质包括汞、镉、铬、铅等重金属以及氰化物等。

C.施工现场废水和固体废物随水流流入水体部分,包括泥浆、水泥、油漆、各种油类、混凝土添加剂、有机溶剂、重金属、酸碱盐等。

防止水体污染的措施是:控制污水的排放;改革施工工艺,减少污水的产生;综合利用废水。

③防止噪声污染措施。噪声按照振动性质可分为气体动力噪声、机械噪声、电磁性噪声。噪声按来源可分为交通噪声(如汽车、火车等)、工业噪声(如鼓风机、汽轮机等)、建筑施工的噪声(如打桩机、混凝土搅拌机等)、社会生活噪声(如高音喇叭、收音机等)。

噪声控制技术可从声源、传播途径、接收者防护等方面来考虑。从声源上降低噪声是防止噪声污染的最根本的措施。具体做法是:尽量采用低噪声设备和工艺代替高噪声设备与工艺,如采用低噪声振捣器、风机、电动空压机、电锯等;在声源处安装消声器消声,即在通风机、鼓风机、压缩机、燃气机、内燃机及各类排气放空装置等进出风管的适当位置设置消声器;严格控制人为噪声。从传播途径上控制噪声的方法主要有:吸声、隔声、消声、减振降噪。

④建设工程施工现场固体废物处理。固体废物是生产、建设、日常生活和其他活动中产生的固态、半固态废弃物质。固体废物是一个极其复杂的废物体系,按照其化学组成可分为有机废物和无机废物;按照其对环境和人类健康的危害程度可以分为一般废物和危险废物。

施工工地上常见的固体废物包括:建筑渣土、废弃的散装建筑材料、生活垃圾、设备、材料等的包装材料、粪便。

固体废物的主要处理和处置方法有:物理处理,包括压实浓缩、破碎、分选、脱水干燥等;化学处理,包括氧化还原、中和、化学浸出等;生物处理,包括好氧处理、厌氧处理等;热处理,包括焚烧、热解、焙烧、烧结等;固化处理,包括水泥固化法和沥青固化法等;回收利用,包括回收利用和集中处理等资源化、减量化的方法;处置,包括土地填埋、焚烧、贮留池贮存等。

任务三　编制建设工程文明施工管理措施

 知识链接

建筑工程施工现场是企业对外的"窗口",直接关系到企业和城市的文明与形象。施工现场应当实现科学管理,安全生产,文明有序施工。

一、现场文明施工管理概述

1.文明施工的含义及内容

文明施工是指保持施工现场良好的作业环境、卫生环境和工作秩序。文明施工主要包括:规范施工现场的场容,保持作业环境的整洁卫生;科学组织施工,使生产有序进行;减少施工对周围居民和环境的影响;遵守施工现场文明施工的规定和要求,保证职工的安全和身体健康。

2.现场文明施工管理的主要内容

(1)抓好项目文化建设。

(2)规范场容,保持作业环境整洁卫生。

(3)创造文明有序安全生产的条件。

(4)减少对居民和环境的不利影响。

3.文明施工的管理组织和管理制度

(1)管理组织。施工现场应成立以项目经理为第一责任人的文明施工管理组织。分包单位应服从总包单位的文明施工管理组织的统一管理,并接受监督检查。

(2)管理制度。各项施工现场管理制度应有文明施工的规定,包括个人岗位责任制、经济责任制、安全检查制度、持证上岗制度、奖惩制度、竞赛制度和各项专业管理制度等。

(3)文明施工的检查。加强和落实现场文明施工的检查、考核及奖惩管理,以促进文明施工管理工作提高。

4. 保存文明施工的文件和资料

文明施工的文件和资料包括：上级关于文明施工的标准、规定、法律、法规等；施工组织设计(方案)中对文明施工的管理规定,各阶段施工现场文明施工的措施；文明施工自检资料；文明施工教育、培训、考核计划的资料；文明施工活动各项记录资料。

5. 现场文明施工的基本要求

(1)建筑工程施工现场应当做到：围挡、大门、标牌标准化,材料码放整齐化(按照平面布置图确定的位置集中码放),安全设施规范化,生活设施整洁化,职工行为文明化,工作生活秩序化。

(2)建筑工程施工要做到工完场清、施工不扰民、现场不扬尘、运输无遗洒、垃圾不乱弃,努力营造良好的施工作业环境。

(3)施工现场的用电线路、用电设施的安装和使用必须符合安装规范和安全操作规程,并按照施工组织设计进行架设,严禁任意拉线接电。施工现场必须设有保证施工安全要求的夜间照明；危险潮湿场所的照明以及手持照明灯具,必须采用符合安全要求的电压。

(4)施工机械应当按照施工总平面布置图规定的位置和线路设置,不得任意侵占场内道路。施工机械进场时须经过安全检查,经检查合格方能使用。施工机械操作人员必须按有关规定持证上岗,禁止无证人员操作机械。

(5)应保证施工现场道路畅通,排水系统处于良好的使用状态；保持场容场貌的整洁,随时清理建筑垃圾。在车辆、行人通行的地方施工,应当设置施工标志,并对沟井坎穴进行覆盖。

(6)施工现场的各种安全设施和劳动保护器具必须定期检查和维护,及时消除隐患,保证其安全有效。

(7)应当严格依照《中华人民共和国消防法》的规定,在施工现场建立和执行防火管理制度,设置符合消防要求的消防设施,并保持完好的备用状态。在容易发生火灾的地区施工,或者储存、使用易燃易爆器材时,应当采取特殊的消防安全措施。

二、现场文明施工管理的控制要点

(1)施工现场出入口应标有企业名称或企业标志,主要出入口明显处应设置工程概况牌,大门内应设置施工现场总平面图和安全生产、消防保卫、环境保护、文明施工和管理人员名单及监督电话牌等制度牌。

(2)施工现场必须实施封闭管理,现场出入口应设门卫室,场地四周必须采用封闭围挡,围挡要坚固、整洁、美观,并沿场地四周连续设置。一般路段的围挡高度不得低于 1.8 米,市区主要路段的围挡高度不得低于 2.5 米。

三、现场的文明施工管理的措施

(1)提倡文明施工,是改进施工安全管理水平、保证施工现场节奏的有力措施。

(2)施工单位应当贯彻文明施工的要求,推行现代管理方法,科学组织施工,做好施工现场的各项管理工作。

(3)关于施工现场的文明施工管理,包括施工现场的布置、施工现场的安全生产和劳动保护等内容。

①施工现场的布置。

A.施工单位应当按照施工总平面布置图设置各项临时设施。

B.堆放大宗材料、成品、半成品和机具设备,不得侵占场内道路及安全防护等设施。

C.建设工程实行总包和分包的,分包单位确需进行改变施工总平面布置图活动的,应当先向总包单位提出申请,经总包单位同意后方可实施。

D.施工现场必须设置明显的标牌,标明工程项目名称、建设单位、设计单位、施工单位、项目经理和施工现场总代表人的姓名,开工、竣工日期、施工许可证批准文号等。施工单位负责施工现场标牌的保护工作。

E.施工单位应该保证施工现场的道路畅通,排水系统处于良好的使用状态。

F.保持场容场貌的整洁,随时清理建筑垃圾。

②施工现场的安全生产和劳动保护。

A.施工单位必须执行国家有关安全生产和劳动保护的法规,建立安全生产责任制,加强规范化管理,进行安全交底、安全教育和安全宣传,严格执行安全技术方案。

B.施工现场的各种安全设施和劳动保护器具,必须定期进行检查和维护,及时消除隐患,保证其安全有效。

C.施工单位应当做好施工现场安全保卫工作,采取必要的防盗措施,在现场周边设立围护设施。施工现场在市区的,周围应当设置遮挡围栏,临街的脚手架也应当设置相应的围护设施,非施工人员不得擅自进入施工现场。在车辆、行人通行的地方施工,应当设置沟井坎穴覆盖物和施工标志。

D.施工现场的用电线路、用电设施的安装和使用必须符合安装规范和安全操作规程,并按照施工组织设计进行架设,严禁任意拉线接电。危险潮湿场所的照明以及手持照明灯具,必须采用符合安全要求的电压。

E.施工现场必须设有保证施工安全要求的夜间照明。

F.施工机械进场的须经过安全检查,经检查合格的方能使用。

G.施工机械操作人员必须建立机组责任制,并依照有关规定持证上岗,禁止无证人员操作。

H.施工单位应当严格依照《中华人民共和国消防法》的规定,在施工现场建立和执行防火管理制度,设置符合消防要求的消防设施,并保持完好的备用状态。

I.在容易发生火灾的地区施工或者储存、使用易燃、易爆器材时,施工单位应当采取特殊的消防安全措施。

J.施工现场应当设置各类必要的职工生活设施,并符合卫生、通风、照明等要求。职工的膳食、饮水供应等应当符合卫生要求。

项目习题

1.建设工程职业健康安全管理措施有哪些?

2.简述职业健康安全检查的主要内容。

3.职业健康安全事故的处理原则有哪些?

4.简述职业健康安全事故的处理程序。

5.建设工程项目环境保护的意义有哪些?

6.简述建设工程项目环境保护措施。

7.现场文明施工的基本要求有哪些?

8.现场文明施工管理的控制要点有哪些?

9.某高层商住楼,总建筑面积3万平方米,建筑高度60米,为全现浇钢筋混凝土剪力墙结构,脚手架采用悬挑脚手架。装饰工程完成后开始拆除脚手架,当刚开始拆除了顶层一半脚手架时,发生了局部脚手架倒塌,造成严重事故。后经查明工人在拆除作业前未对悬挑脚手架进行检查、加固,就拆除了水平杆,使架体失稳倾覆。进一步调查发现施工单位未进行安全技术交底,作业人员也未佩戴安全带和防护措施。

问题:

(1)脚手架工程交底与验收的程序是什么?

(2)针对该事故如何采取安全防范和控制措施?

(3)一般主体结构施工阶段安全生产的控制要点有哪些?

项目八
建设工程项目信息管理

学习目标

知识目标 了解信息的基本知识,理解信息管理的含义;掌握建设工程项目信息管理的含义、目的、任务和基本环节;掌握建设工程项目信息编码的方法和信息处理的方法;掌握项目管理信息系统的含义和功能,并理解其意义;掌握建设项目管理信息化的含义与实施,并了解其意义和发展过程。

能力目标 能收集建设工程项目信息,并能按传统方法进行处理;能初步利用基于网络的信息处理平台进行建设工程项目信息的处理和利用。

案例导入

钢铁大厦建设工程项目的业主与某监理公司和某建筑公司分别签订了建设工程施工阶段委托监理合同和建设工程施工合同。为了能及时掌握准确完整的信息,以便依靠有效的信息对该建设工程的质量、进度、投资实施最佳控制,项目总监理工程师召集了有关监理人员专门讨论了如何加强监理文件档案资料的管理问题,涉及有关监理文件档案资料管理的意义、内容和组织等方面的问题。

1. 你认为对监理文件档案资料进行科学管理的意义何在?

2. 在项目监理部,对监理文件档案资料管理部门和实施人员的要求如何?

3. 监理文件档案资料管理的主要内容是哪些?

4. 施工阶段监理工作的基本表达的种类和用途如何?

5. 在监理内部和监理外部,工程建设监理文件和档案的传递流程如何?

任务一　编制建设工程项目信息管理计划并实施

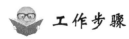 工作步骤

> 步骤一　编制建设工程项目信息管理计划
> 步骤二　建设工程项目信息管理计划的实施

知识链接

建设工程项目信息管理是通过对各个系统、各项工作和各种数据的管理,使项目的信息能方便和有效地获取、存储、处理和交流。其基本环节包括:信息的收集、传递、加工、整理、检索、分发和存储,其中,信息处理是核心。目前,建设工程项目信息处理的方式正由传统方式向基于网络的信息处理平台方向发展,因此,我国已将建设项目管理信息化作为建筑业发展的一个重点。

 特别提示

建设工程项目信息管理是建设工程项目管理的一个重要方面,它既有利于建设工程项目管理总体目标的实现,又可为项目建设提供增值服务。

一、建设工程项目信息管理计划

信息管理是指对信息的收集、加工整理、储存、传递与应用等一系列工作的总称。建设工程项目信息管理是通过对各个系统、各项工作和各种数据的管理,使项目的信息能方便和有效地获取、存储(存档是存储的一项工作)、处理和交流。上述"各个系统"可视为与项目的决策、实施和运行有关的各系统,它可分为建设工程项目决策阶段管理子系统、实施阶段管理子系统和运行阶段管理子系统。其中实施阶段管理子系统又可分为业主方管理子系统、设计方管理子系统、施工方管理子系统和供货方管理子系统等。上述"各项工作"可视为与项目的决策、实施和运行有关的各项工作。如施工方管理子系统中的工作包括安全管理、成本管理、进度管理、质量管理、合同管理、信息管理、施工现场管理等。上述"数据"并不仅指数字,在信息管理中,数据作为一个专门术语,它包括数字、文字、图像和声音。在施工方项目信息管理中,各种报表、成本分析的有关数字、进度分析的有关数字、质量分析的有关数字、各种来往的文件、设计图纸、施工摄影和摄像资料和录音资料等都属于信息管理中的数据的范畴。

建设工程项目信息管理计划是对项目信息管理所做的整体安排,主要涉及建设工程项目信息管理的目的、任务和信息处理方式等。

(一)建设工程项目信息管理的目的

工程项目信息管理的目的是通过有效的项目信息传输的组织和控制为项目建设的增值服务。据有关国际文献的资料统计:①建设工程项目实施过程中存在的诸多问题,其中三分之二与信息交流(信息沟通)的问题有关;②建设工程项目10%～33%的费用增加与信息交流存在的问题有关;③在大型建设工程项目中,信息交流的问题导致工程变更和工程实施的错误约占工程总成本的3%～5%。

由此可见信息交流对项目实施影响之大。以上"信息交流(信息沟通)"的问题指的是一方没有及时,或没有将另一方所需要的信息(如所需的信息的内容、针对性的信息和完整的信息),或没有将正确的信息传递给另一方。如设计变更没有及时通知施工方,而导致返工;如业主方没有将施工进度严重拖延的信息及时告知大型设备供货方,而设备供货方仍按原计划将设备运到施工现场,致使大型设备在现场无法存放和妥善保管;如施工已产生了重大质量问题的隐患,而没有及时向有关技术负责人及时汇报等。以上列举的问题都会不同程度地影响项目目标的实现。

(二)建设工程项目信息管理的任务

1. 业主方和项目参与各方的建设工程项目信息管理任务

业主方和项目参与各方都有各自的信息管理任务,为充分利用和发挥信息资源的价值、提高信息管理的效率,以及实现有序的和科学的信息管理,各方都应编制各自的信息管理手册,以规范信息管理工作。信息管理手册描述和定义信息管理的任务、执行者(部门)、每项信息管理任务执行的时间和其工作成果等,它的主要内容包括:

(1)确定信息管理的任务(信息管理任务目录);

(2)确定信息管理的任务分工表和管理职能分工表;

(3)确定信息的分类;

(4)确定信息的编码体系和编码;

(5)绘制信息输入输出模型(反映每一项信息处理过程的信息的提供者、信息的整理加工者、信息整理加工的要求和内容,以及经整理加工后的信息传递给信息的接受者,并用框图的形式表示);

(6)绘制各项信息管理工作的工作流程图(如信息管理手册编制和修订的工作流程,为形成各类报表和报告,收集信息、审核信息、录入信息、加工信息、信息传输和发布的工作流程,以及工程档案管理的工作流程等);

(7)绘制信息处理的流程图(如施工安全管理信息、施工成本控制信息、施工进度信息、施工质量信息、合同管理信息等的信息处理的流程);

(8)确定信息处理的工作平台(如以局域网作为信息处理的工作平台,或用门户网站作为信息处理的工作平台等)及明确其使用规定;

(9)确定各种报表和报告的格式,以及报告周期;

(10)确定项目进展的月度报告、季度报告、年度报告和工程总报告的内容及其编制原则和方法;

(11)确定工程档案管理制度;

(12)确定信息管理的保密制度,以及与信息管理有关的制度。

2. 信息管理部门的建设工程项目信息管理任务

信息管理部门是专门从事信息管理的工作部门,其主要工作任务是:

(1)负责主持编制信息管理手册,在项目实施过程中进行信息管理手册的必要的修改和补充,并检查和督促其执行;

(2)负责协调和组织项目管理班子中各个工作部门的信息处理工作;

(3)负责信息处理工作平台的建立和运行维护;

(4)与其他工作部门协同组织收集信息、处理信息和形成各种反映项目进展和项目目标控制的报表和报告;

(5)负责工程档案管理等。

(三)建设工程项目信息管理的处理方式

目前,信息处理已逐步向电子化和数字化的方向发展,但建筑业和基本建设领域的信息化已明显落后于许多其他行业,建设工程项目信息处理基本上还沿用传统的方法和模式。应采取措施使信息处理由传统的方式向基于网络的信息处理平台方向发展,以充分发挥信息资源的价值,以及信息对项目目标控制的作用。

 **知识窗**

信息的特征与分类

信息指的是用口头的方式、书面的方式或电子的方式传输(传达、传递)的知识、新闻,或可靠的或不可靠的情报。声音、文字、数字和图像等都是信息表达的形式。信息与人力资源、物质资源一样,是建设工程项目实施的重要资源之一。

1.信息的特征

一般而言,信息具有以下基本特征:实事性、扩散性、传输性、共享性、增值性、不完全性、等级性、滞后性。

2.信息的分类

从使用角度,常对信息按照以下角度分类:

(1)按信息的内容分为自然信息(非人类信息,如地质地貌)和社会信息(人类信息)。

(2)按信息的表现形式分为文献型信息(以语言文字形式出现,如文档、图纸等)、数据型信息(以数据信息形式,如工程统计资料等)、声像型信息(以声音或图像形式,如里程碑事件照片等)、多媒体信息(集文字、声音、图像于一体,如 PMIS 系统)。

(3)按信息的时间状态分为过去信息(记录信息)、现在信息(控制信息)、未来信息(计划信息)。

(4)按信息的空间状态分为宏观信息(如国家的)、中观信息(如建筑行业)、微观信息(如单个项目工程)。

二、建设工程项目信息管理计划的实施

为了实施建设工程项目信息管理计划,首先应建立建设工程项目信息管理机构,其次应构建基于网络的信息处理平台。

(一)建立建设工程项目信息管理机构

应根据建设工程项目信息管理的目的和任务建立专门负责项目信息管理的部门,并明确其职责和内部分工,其人员应选聘既具有工程建设知识,又具有信息管理技术的复合型人才,或选聘具有工程建设知识并进修信息管理技术已合格的人才。

(二)构建基于网络的信息处理平台

基于网络的信息处理平台由数据处理设备、软件系统、数据通讯网络构成。

(1)数据处理设备包括计算机、打印机、扫描仪、绘图仪以及数码相机、DV 等。

(2)软件系统包括许多种类的操作系统和服务于信息处理的应用软件等。

(3)数据通讯网络包括形成网络的有关硬件设备和相应的软件,例如电子信箱、QQ 等。数据通信网络主要有如下三种类型:

①局域网(LAN):与各网点连接的网线构成网络,各网点对应于装备有实际网络接口的小型用户工作站;

②城域网(MAN):在大城市范围内两个或多个网络的互联;

③广域网(WAN):在数据通信中,用来连接分散在广阔地域内的大量终端和计算机的一种多态网络。

建设工程项目的业主方和项目参与各方往往分散在不同的地点,或不同的城市,或不同的国家,因此其信息处理应考虑充分利用远程数据通信的方式,如:通过电子邮件收集信息和发布信息;通过基于互联网的项目专用网站(PSWS)实现业主方内部、业主方和项目参与各方,以及项目参与各方之间的信息交流、协同工作和文档管理;通过基于互联网的项目信息门户的为众多项目服务的公用信息平台实现业主方内部、业主方和项目参与各方,以及项目参与各方之间的信息交流、协同工作和文档管理;召开网络会议;基于互联网的远程教育与培训等。

 **知识窗**

互联网及基于互联网的项目信息门户(PIP)和项目专用网站(PSWS)

互联网,即广域网、局域网及单机按照一定的通讯协议组成的国际计算机网络。目前,互联网是最大的全球性网络,它连接了覆盖100多个国家的各种网络,如商业性的网络(. com或. co)、大学网络(. ac 或. edu)、研究网络(. org 或. net)和军事网络(. mil)等,并通过网络连接数以千万台的计算机,以实现连接互联网的计算机之间的数据通信。互联网由若干个学会、委员会和集团负责维护和运行管理。

基于互联网的项目信息门户(PIP)属于是电子商务(E-Business)两大分支中的电子协同工作(E-Collaboration)。项目信息门户在国际学术界有明确的内涵:即在对项目实施全过程中项目参与各方产生的信息和知识进行集中式管理的基础上,为项目的参与各方在互联网平台上提供一个获取个性化项目信息的单一入口,从而为项目的参与各方提供一个高效的信息交流和协同工作的环境。它的核心功能是在互动式的文档管理的基础上,通过互联网促进项目参与各方之间的信息交流和促进项目参与各方的协同工作,从而达到为项目建设增值的目的。

基于互联网的项目专用网站(PSWS)是基于互联网的项目信息门户的一种方式,是为某一个项目的信息处理专门建立的网站。但是基于互联网的项目信息门户也可以服务于多个项目,即成为为众多项目服务的公用信息平台。基于互联网的项目信息门户如美国的 Buzzsaw. com(于 1999 年开始运行)和德国的 PKM. com(于 1997 年开始运行),都有大量用户在其上进行项目信息处理。

任务二 编制建设工程项目信息管理措施

知识链接

建设工程项目信息管理的主要措施包括:建设工程项目信息的分类与编码;建设工程项目信息的收集;建设工程项目信息处理;建设工程项目信息的分发和检索;建设工程项目管理信息系统和建设项目管理信息化。

一、建设工程项目信息的分类与编码

(一)建设工程项目信息的分类

建设工程项目信息包括在项目决策过程、实施过程(设计准备、设计、施工和物资采购过程等)和运行过程中产生的信息,以及其他与项目建设有关的信息,它有多种分类方法。

(1)按照建设工程项目的目标划分为投资控制信息、质量控制信息、进度控制信息、合同管理信息等。

投资控制信息是指与投资控制直接有关的信息。如:各种估算指标、类似工程造价、物价指数;设计概算、概算定额;施工图预算、预算定额;工程项目投资估算;合同价组成;投资目标体系;计划工程量、已完工程量、单位时间付款报表、工程量变化表、人工、材料调差表;索赔费用表;投资偏差、已完工程结算;竣工决算、施工阶段的支付账单;原材料价格、机械设备台班费、人工费、运杂费等。

质量控制信息是指建设工程项目质量有关的信息。如:国家有关的质量法规、政策及质量标准、项目建设标准;质量目标体系和质量目标的分解;质量控制工作流程、质量控制的工作制度、质量控制的方法;质量控制的风险分析;质量抽样检查的数据;各个环节工作的质量(工程项目决策的质量、设计的质量、施工的质量);质量事故记录和处理报告等。

进度控制信息是指与进度相关的信息。如:施工定额;项目总进度计划、进度目标分解、项目年度计划、工程总网络计划和子网络计划、计划进度与实际进度偏差;网络计划的优化、网络计划的调整情况;进度控制的工作流程、进度控制的工作制度、进度控制的风险分析等。

合同管理信息是指建设工程相关的各种合同信息。如:工程招投标文件;工程建设施工承包合同,物资设备供应合同,咨询、监理合同;合同的指标分解体系;合同签订、变更、执行情况;合同的索赔等。

(2)按照建设工程项目信息的来源划分为项目内部信息和项目外部信息。

项目内部信息是指建设工程项目各个阶段、各个环节、各有关单位发生的信息总体。内部信息取自建设项目本身,如:工程概况、设计文件、施工方案、合同结构、合同管理制度,信息资料的编码系统、信息目录表,会议制度,监理班子的组织,项目的投资目标、项目的质量目标、项目的进度目标等。

项目外部信息是指来自项目外部环境的信息。如:国家有关的政策及法规;国内及国际市场的原材料及设备价格、市场变化;物价指数;类似工程造价、进度;投标单位的实力、投标单位的信誉、毗邻单位情况;新技术、新材料、新方法;国际环境的变化;资金市场变化等。

(3)按照信息的稳定程度划分为固定信息和流动信息。

固定信息是指在一定时间内相对稳定不变的信息,包括标准信息、计划信息和查询信息。标准信息主要指各种定额和标准,如施工定额、原材料消耗定额、生产作业计划标准、设备和工具的耗损程度等。计划信息反映在计划期内已定任务的各项指标情况。查询信息主要指国家和行业颁发的技术标准、不变价格、监理工作制度、监理工程师的人事卡片等。

流动信息是指在不断变化的动态信息。如:项目实施阶段的质量、投资及进度的统计信息;反映在某一时刻,项目建设的实际进程及计划完成情况;项目实施阶段的原材料实际消耗量、机械台班数、人工工日数等。

(4)按照信息的层次划分为战略性信息、管理型信息和业务性信息。

战略性信息是指该项目建设过程中的战略决策所需的信息、投资总额、建设总工期、承包商的选定、合同价的确定等信息。

管理型信息是指项目年度进度计划、财务计划等。

业务性信息是指的是各业务部门的日常信息,较具体,精度较高。

(5)按照信息的性质将建设项目信息按项目管理功能划分为组织类信息、管理类信息、经济类信息和技术类信息四大类。

(二)建设工程项目信息的编码

编码是指设计代码,而代码指的是代表事物的名称、属性和状态的符号和数字。代码的作用有两个:一是可以给事物提供一个精练而不含糊的记号;二是可以提高数据处理的效率,节约存储空间。编码由一系列符号(如文字)和数字组成,编码是信息处理的一项重要的基础工作。

一个建设工程项目有不同类型和不同用途的信息,为了有组织地存储信息,方便信息的检索和信息的加工整理,必须对项目的信息进行编码,如可按下列类型进行编码:项目的结构编码;项目管理组织结构编码;项目的政府主管部门和各参与单位编码(组织编码);项目实施的工作项编码(项目实施的工作过程的编码);项目的投资项编码(业主方)/成本项编码(施工方);项目的进度项(进度计划的工作项)编码;项目进展报告和各类报表编码;合同编码;函件编码;工程档案编码等。

以上这些编码是因不同的用途而编制的,如投资项编码(业主方)/成本项编码(施工方)服务于投资控制工作/成本控制工作;进度项编码服务于进度控制工作。但是有些编码并不是针对某一项管理工作而编制的,如投资控制/成本控制、进度控制、质量控制、合同管理、编制项目进展报告等都要使用项目的结构编码,因此就需要进行编码的组合。

建设工程项目信息编码的具体方法如下:

(1)项目的结构编码依据项目结构图,对项目结构的每一层的每一个组成部分进行编码。

(2)项目管理组织结构编码依据项目管理的组织结构图,对每一个工作部门进行编码。

(3)项目的政府主管部门和各参与单位的编码包括:政府主管部门;业主方的上级单位或部门;金融机构;工程咨询单位;设计单位;施工单位;物资供应单位;物业管理单位等。

(4)项目实施的工作项编码应覆盖项目实施的工作任务目录的全部内容,它包括:设计准备阶段的工作项;设计阶段的工作项;招投标工作项;施工和设备安装工作项;项目动用前的准备工作项等。

(5)项目的投资项编码并不是概预算定额确定的分部分项工程的编码,它应综合考虑概算、预算、标底、合同价和工程款的支付等因素,建立统一的编码,以服务于项目投资目标的动态控制。

(6)项目成本项编码并不是预算定额确定的分部分项工程的编码,它应综合考虑预算、投标价估算、合同价、施工成本分析和工程款的支付等因素,建立统一的编码,以服务于项目成本目标的动态控制。

(7)进度项编码应综合考虑不同层次、不同深度和不同用途的进度计划工作项的需要,建立统一的编码,服务于项目进度目标的动态控制。

(8)进展报告和各类报表编码应包括项目管理形成的各种报告和报表的编码。

(9)合同编码应参考项目的合同结构和合同的分类,应反映合同的类型、相应的项目结构和合同签订的时间等特征。

(10)函件编码应反映发函者、收函者、函件内容所涉及的分类和时间等,以便函件的查询和整理。

(11)工程档案的编码应根据有关工程档案的规定、项目的特点和项目实施单位的需求而建立。

二、建设工程项目信息的收集

(一)项目决策阶段的信息收集

该阶段主要收集外部宏观信息,要收集历史、现代和未来三个时态的信息,具有较多的不确定性。项目决策阶段,信息收集从以下几方面进行:①项目相关市场方面的信息;②项目资源相关方面的信息;③自然环境相关方面的信息;④新技术、新设备、新工艺、新材料,专业配套能力方面的信息;⑤政治环境,社会治安状况,当地法律、政策、教育的信息。收集这些信息是为了帮助建设单位避免决策失误,进一步开展调查和投资机会研究,编写可行性报告,进行投资估算和工程建设经济评价。

(二)设计阶段的信息收集

在设计阶段的信息收集要从以下几处进行:

(1)可行性研究报告,前期相关文件资料存在的疑点和建设单位的意图,建设单位前期准备和项目审批完成的情况。

(2)同类工程相关信息,包括:建筑规模,结构形式,造价构成,工艺、设备的选型,地质处理方式及实际效果,建设工期,采用新材料、新工艺、新设备、新技术的实际效果及存在问题,技术经济指标。

(3)拟建工程所在地相关信息,包括:地质、水文情况,地形地貌、地下埋设和人防设施情况,城市拆迁政策和拆迁户数,青苗补偿,周围环境。

(4)勘察、测量、设计单位相关信息,包括:同类工程完成情况,实际效果,完成该工程的能力,人员构成,设备投入,质量管理体系完善情况,创新能力,设计概算和施工图预算编制能力等。

(5)工程所在地政府相关信息,包括:国家和地方政策、法律、法规、规范规程、环保政策、政府服务情况和限制等。

(6)设计中的设计进度计划,设计质量保证体系,设计合同执行情况,偏差产生的原因,纠偏措施,专业间设计交接情况,执行规范、规程、技术标准,特别是强制性规范执行的情况,设计概算和施工图预算结果,了解超限额的原因,了解各设计工序对投资的控制等。

设计阶段信息的收集范围广泛,来源较多,不确定因素较多,外部信息较多,难度较大,要求信息收集者要有较高的技术水平和较广的知识面,又要有一定的设计相关经验、投资管理能力和信息综合处理能力,才能完成该阶段的信息收集。

(三)施工招投标阶段的信息收集

该阶段的信息收集从以下几方面进行:

(1)工程地质、水文地质勘察报告,施工图设计及施工图预算,设计概算,设计、地质勘察、测绘的审批报告等方面的信息,特别是该建设工程有别于其他同类工程的技术要求、材料、设备、工艺、质量要求有关信息。

（2）建设单位建设前期报审文件，包括：立项文件，建设用地、征地、拆迁文件。

（3）工程造价的市场变化规律及所在地区的材料、构件、设备、劳动力差异。

（4）当地施工单位管理水平，质量保证体系、施工质量、设备、机具能力。

（5）本工程适用的规范、规程、标准，特别是强制性规范。

（6）所在地关于招投标有关法规、规定，国际招标、国际贷款指定适用的范本，本工程适用的建筑施工合同范本及特殊条款精髓所在。

（7）所在地招投标代理机构的能力、特点，所在地招投标管理机构及管理程序。

（8）该建设工程采用的新技术、新设备、新材料、新工艺，投标单位对"四新"的处理能力和了解程度、经验、措施。

该阶段要求信息收集人员充分了解施工设计和施工图预算，熟悉法律法规，熟悉招、投标程序，熟悉合同示范范本，特别要求在了解工程特点和工程量分解上有一定能力，才能为建设方决策提供必要的信息。

（四）施工阶段的信息收集

施工阶段的信息收集，可从施工准备期、施工期、竣工保修期三个子阶段分别进行。

1. 施工准备期

施工准备期是指从建设工程合同签订到项目开工的阶段，应从如下几方面收集信息：

（1）监理大纲；施工图设计及施工图预算，特别要掌握结构特点，掌握工程难点、要点、特点，掌握工业工程的工艺流程特点、设备特点，了解工程预算体系（按单位工程、分部工程、分项工程分解）；了解施工合同。

（2）施工单位项目经理部组成，进场人员资质；进场设备的规格型号、保修记录；施工场地的准备情况；施工单位质量保证体系及施工单位的施工组织设计，特殊工程的技术方案，施工进度网络计划图表；进场材料、构件管理制度；安全保安措施；数据和信息管理制度；检测和检验、试验程序和设备；承包单位和分包单位的资质等施工单位信息。

（3）建设工程场地的地质、水文、测量、气象数据；地上、地下管线，地下洞室，地上原有建筑物及周围建筑物、树木、道路；建筑红线，标高、坐标；水、电、气管道的引入标志；地质勘察报告、地形测量图及标桩等环境信息。

（4）施工图的会审和交底记录；开工前的监理交底记录；对施工单位提交的施工组织设计按照项目监理部要求进行修改的情况；施工单位提交的开工报告及实际准备情况。

（5）本工程需遵循的相关建筑法律、法规和规范、规程，有关质量检验、控制的技术法规和质量验收标准。

在施工准备期，信息的来源较多、较杂，由于参建各方相互了解还不够，信息渠道没有建立，收集有一定困难。因此，更应该组建工程信息合理的流程，确定合理的信息源，规范各方的信息行为，建立必要的信息秩序。

2. 施工实施期

施工实施期收集的信息应该分类并由专门的部门或专人分级管理，可从下列几方面收集信息：

（1）施工单位人员、设备、水、电、气等能源的动态信息。

（2）施工期气象的中长期趋势及同期历史数据，每天不同时段动态信息，特别在气候对施工质量影响较大的情况下,更要加强收集气象数据。

(3)建筑原材料、半成品、成品、构配件等工程物资的进场、加工、保管、使用等信息。

(4)项目经理部管理程序;质量、进度、投资的事前、事中、事后控制措施;数据采集来源及采集、处理、存储、传递方式;工序间交接制度;事故处理制度;施工组织设计及技术方案执行的情况;工地文明施工及安全措施等。

(5)施工中需要执行的国家和地方规范、规程、标准;施工合同执行情况。

(6)施工中发生的工程数据,如地基验槽及处理记录,工序间交接记录,隐蔽工程检查记录等。

(7)建筑材料必试项目有关信息,如水泥、砖、砂石、钢筋、外加剂、混凝土、防水材料、回填土、饰面板、玻璃幕墙等。

(8)设备安装的试运行和测试项目有关信息,如电气接地电阻、绝缘电阻测试,管道通水、通气、通风试验,电梯施工试验,消防报警、自动喷淋系统联动试验等。

(9)施工索赔相关信息,包括索赔程序、索赔依据、索赔证据、索赔处理意见等。

3.竣工保修期

该阶段要收集的信息有以下几方面:

(1)工程准备阶段文件,如:立项文件,建设用地、征地、拆迁文件,开工审批文件等。

(2)监理文件,如监理规划、监理实施细则、有关质量问题和质量事故的相关记录、监理工作总结以及监理过程中各种控制和审批文件等。

(3)施工资料,分为建筑安装工程和市政基础设施工程两大类分别收集。

(4)竣工图,分建筑安装工程和市政基础设施工程两大类分别收集。

(5)竣工验收资料,如工程竣工总结、竣工验收备案表、电子档案等。

三、建设工程项目信息处理

信息处理包括信息的加工、整理和存储。信息的加工主要是把建设各方得到的数据和信息进行鉴别、选择、核对、合并、排序、更新、计算、汇总、转储,生成不同形式的数据和信息,提供给不同需求的各类管理人员使用。在信息加工时,往往要求按照不同的需求,分层进行加工。不同的使用角度,加工方法是不同的。信息的加工、整理和存储流程是信息系统流程的主要组成部分,信息系统的流程图有业务流程图、数据流程图,一般先找到业务流程图,再进一步绘制数据流程图。数据流程图的绘制从上而下地层层细化,经过整理、汇总后得到总的数据流程图,再得到系统的信息处理流程图。

信息的存储一般需要建立统一的数据库,各类数据以文件的形式组织在一起,组织的方法一般由单位自定,但要考虑规范化。根据建设工程实际,可以按照下列方式组织:

(1)按照工程进行组织,同一工程按照投资、进度、质量、合同的角度组织,各类进一步按照具体情况细化。

(2)文件名规范化,以定长的字符串作为文件名。

(3)由建设各方协调统一存储方式,在国家技术标准有统一的代码时尽量采用统一代码。

(4)有条件时可以通过网络数据库形式存储数据,达到建设各方数据共享,减少数据冗余,保证数据的唯一性。

四、建设工程项目信息的分发和检索

在通过对收集的数据进行分类加工处理产生信息后,要及时提供给需要使用数据和信息的部门,信息和数据的分发要根据需要来分发,信息和数据的检索则要建立必要的分级管理制度,一般由使用软件来保证实现数据和信息的分发、检索,关键是要决定分发和检索的原则。分发和检索的原则是:需要的部门和使用人,有权在需要的第一时间,方便地得到所需要的、以规定形式提供的一切信息和数据,而保证不向不该知道的部门(人)提供任何信息和数据。

分发设计时,主要考虑的内容有:

(1)了解使用部门或人的使用目的、使用周期、使用频率、得到时间、数据的安全要求;

(2)决定分发的项目、内容、分发量、范围和数据来源;

(3)决定分发信息和数据的数据结构、类型、精度和如何组织成规定的格式;

(4)决定提供的信息和数据介质。

检索设计时则要考虑以下内容:

(1)允许检索的范围、检索的密级划分、密码的管理;

(2)检索的信息和数据能否及时、快速地提供,采用什么手段实现;

(3)提供检索需要的数据和信息输出形式、能否根据关键字实现智能检索。

五、建设工程项目管理信息系统和建设项目管理信息化

(一)项目管理信息系统的含义和功能

1.项目管理信息系统的含义

项目管理信息系统(project management information system,PMIS)是基于计算机的项目管理的信息系统,主要用于项目的目标控制。管理信息系统(management information system,MIS)是基于计算机的管理的信息系统,但主要用于企业的人、财、物、产、供、销的管理。项目管理信息系统与管理信息系统服务的对象和功能是不同的。

项目管理信息系统的应用,主要是用计算机的手段,进行项目管理有关数据的收集、记录、存储、过滤和把数据处理的结果提供给项目管理班子的成员。它是项目进展的跟踪和控制系统,也是信息流的跟踪系统。应用项目管理信息系统可以实现项目管理数据的集中存储;有利于项目管理数据的检索和查询;提高项目管理数据处理的效率;确保项目管理数据处理的准确性;可方便地形成各种项目管理需要的报表。项目管理信息系统可以在局域网上或基于互联网的信息平台上运行。

2.项目管理信息系统的功能

项目管理信息系统的功能是:投资控制(业主方)或成本控制(施工方);进度控制;合同管理。有些项目管理信息系统还包括质量控制和一些办公自动化的功能。投资控制的功能包括:项目的估算、概算、预算、标底、合同价、投资使用计划和实际投资的数据计算和分析;进行上述项目的动态比较(如概算和预算的比较、概算和标底的比较、概算和合同价的比较、预算和合同价的比较等),并形成各种比较报表;计划资金的投入和实际资金的投入的比较分析;根据工程的进展进行投资预测等。成本控制的功能包括:投标估算的数据计算和分析;计划施工成本;计算实际成本;计划成本与实际成本的比较分析;根据工程的进展进行施工成本预测等。进度控制的功能包括:计算工程网络计划的时间参数,并确定关键工作和关键路线;绘制网络

图和计划横道图;编制资源需求量计划;进度计划执行情况的比较分析;根据工程的进展进行工程进度预测。合同管理的功能包括:合同基本数据查询;合同执行情况的查询和统计分析;标准合同文本查询和合同辅助起草等。

(二)建设项目管理信息化

1.建设项目管理信息化的含义与意义

信息化指的是信息资源的开发和利用,以及信息技术的开发和应用。信息化是人类社会发展过程中一种特定现象,它的产生和发展表明人类对信息资源的依赖程度越来越高。信息化是人类社会继农业革命、城镇化和工业化后进入新的发展时期的重要标志。信息化的出现给人类带来新的资源、新的财富和新的社会生产力,形成了以创造型信息劳动者为主体,以电子计算机等新型工具体系为基本劳动手段,以再生性信息为主要劳动对象,以高技术型企业为骨干,以信息产业为主导产业的新一代信息生产力。在以质能转换为主体的传统经济中,人们对资源的争夺主要对象为土地、矿产和石油等,而今天,信息资源日益成为争夺的重点,带来了国际社会新的竞争方式、竞争手段和竞争内容。

建设项目管理信息化指的是建设项目管理信息资源的开发和利用,以及信息技术在建设项目管理中的开发和应用。建设项目管理的信息资源包括:组织类工程信息,如建筑业的组织信息、项目参与方的组织信息、与建筑业有关的组织信息和专家信息等;管理类工程信息,如与投资控制、进度控制、质量控制、合同管理和信息管理有关的信息等;经济类工程信息,如建设物资的市场信息、项目融资的信息等;技术类工程信息,如与设计、施工和物资有关的技术信息等;法规类信息等。

目前,我国建筑业和基本建设领域应用信息技术与工业发达国家相比,尚存在较大的数字鸿沟,它反映在信息技术在建设项目管理中应用的观念上,也反映在有关的知识管理上,还反映在有关技术的应用方面。因此,建设项目管理信息化已成为目前我国建筑业发展的一个重点,其意义主要体现在如下几方面:

(1)建设项目管理信息资源的开发和信息资源的充分利用,可吸取类似项目的正反两方面的经验和教训,许多有价值的组织信息、管理信息、经济信息、技术信息和法规信息将有助于项目决策期多种可能方案的选择,有利于项目实施期的项目目标控制,也有利于项目建成后的运行。

(2)通过信息技术在建设项目管理中的开发和应用能实现以下几个方面:信息存储数字化和存储相对集中;信息处理和变换的程序化;信息传输的数字化和电子化;信息获取便捷;信息透明度提高;信息流扁平化。信息存储数字化和存储相对集中有利于项目信息的检索和查询,有利于数据和文件版本的统一,并有利于项目的文档管理;信息处理和变换的程序化有利于提高数据处理的准确性,并可提高数据处理的效率;信息传输的数字化和电子化可提高数据传输的抗干扰能力,使数据传输不受距离限制并可提高数据传输的保真度和保密性;信息获取便捷,信息透明度提高以及信息流扁平化有利于项目参与方之间的信息交流和协同工作。

(3)建设项目管理信息化有利于提高建设工程项目的经济效益和社会效益,以达到为项目建设增值的目的。

目前,我国建筑领域的信息化问题已经得到国家政府部门以及企业的高度重视,原建设部早在 2003 年就发布了《2003—2008 年我国建筑业信息化发展规划纲要》,提出了建筑业信息化发展的总体目标,主要内容包括:运用信息技术全面提升建筑业管理水平和核心竞争能力,实现建筑业跨越式发展;提高建设行政主管部门的管理、决策和服务水平;促进建筑业软件产业化;跟踪国际先进水平,加快与国际先进技术接轨的步伐,形成一批具有国际水平的现代建筑企业。

2. 建设项目管理信息化的发展过程

建设项目管理信息化的发展大体经历了如下四个阶段:

(1)20 世纪 70 年代,单项程序的应用,如工程网络计划时间参数的计算程序,施工图预算程序等;

(2)20 世纪 80 年代,程序系统的应用,如项目管理信息系统、设施管理信息系统等;

(3)20 世纪 90 年代,程序系统的集成,它是随着建设项目管理的集成而发展的;

(4)20 世纪 90 年代末期至今,基于网络平台的建设项目管理,其中项目信息门户(PIP)、建设项目全寿命周期管理(building lifecycle management,BLM)是重要内容。

3. 建设项目管理信息化的实施

建设项目管理信息化的实施涉及宏观和微观两个方面。当前,建设项目管理信息化水平不高,从客观背景来看,其和建筑业整体信息化水平不高是直接相关的。因此,要实施建设项目管理信息化,从宏观层面来讲,必须大力推动建筑业行业信息化以及建筑业企业信息化。目前,我国已经制定出建筑业行业信息化发展战略;同时,建筑业企业也开始逐步进行信息化建设。这给建设项目管理信息化提供了良好的发展机遇和发展基础。

建设项目管理信息化的实施涉及更多的是微观方面,这也是建设项目管理信息化推进过程中需要解决的实际问题,如单个项目信息化实施的组织与管理方案、相关人员思想意识的转变、项目管理软件的选择、项目文化的建立、信息管理手册的制定等。微观问题并不是小问题,只是相对于宏观问题而言在整个信息化体系中所处的层次较低,但却是影响建设项目管理信息化的关键问题,甚至某个细节问题(如文件分类标准的确定)的处理不当也会导致整个建设项目管理信息化的失败。比如,由于网络速度的限制,可能促使整个建设项目管理信息平台运行效率降低,甚至崩溃,并最终导致平台应用的失败。

项目习题

1. 建设工程项目信息管理的含义是什么?

2. 建设工程项目信息管理的任务有哪些?

3. 简述建设工程项目信息管理的主要措施。

4. 简述建设工程项目信息处理的方法。

5. 项目管理信息系统的功能有哪些?

6. 什么是建设项目管理信息化? 其意义是什么?

7. 如何实施建设项目管理信息化?

8. 调查若干个建筑企业及建设项目,考察它们的信息处理方式与信息化状况。

问题:

(1)被调查的建设项目采用传统方式处理信息的有多少? 采用基于网络的信息处理平台处理信息的有多少?

(2)被调查的建筑企业及建设项目信息化总体状况如何?

项目九
建设工程项目风险管理

学习目标

知识目标 了解工程项目风险产生的原因及风险特征；理解工程项目风险管理；熟悉工程项目风险的分类；掌握工程项目风险因素预测基本方法、风险因素预测的原则；掌握工程项目风险分析与评价的原则及基本方法；掌握工程项目实施中的风险控制；熟悉实施风险控制对策应遵循的原则。

能力目标 了解工程项目风险概念及工程项目风险控制及管理，理解工程项目风险概念；能够描述风险的含义、建设工程项目风险管理的内容；能够分析出影响工程项目的风险因素；能够对风险因素进行正确的评价并作出适时的控制。

案例导入

某工程为一涉外大型体育馆项目，总工期两年，全部造价约 1 亿元人民币。主要施工项目有土建部分的钢筋混凝土框架结构、安装部分的屋顶钢结构（含彩钢瓦）、场地高杆灯照明系统、电子显示屏系统、安监防控系统、场地扩声系统、闭路电视系统、大型发电机组、电梯、看台座椅等专项工程。总承包商承担了钢筋混凝土框架和后期室外的土建工程，而其他的各专项工程由专业分包商完成。该大型体育馆项目的设计和施工采用中国标准，项目的设计单位对主体结构和建筑部分进行了详细设计，专业分包商负责二次设计、供货、安装、调试、试运行的服务全过程。其中，该项目的电子显示屏系统是分包工程。项目在进行二次分包时，因为受条件限制，分包的二次设计不可能到现场踏勘，只由总承包商提供相关图纸，在国内完成。因为设计、生产、供货都是在国内完成的，由于对现场情况考虑不充分，当分包商人员和分包材料设备抵达现场的时候，围绕安装和施工的风险才暴露出来。例如，当安装人员抵达项目现场巡视场地环境，准备安装显示屏的时候，才发现原来设计上未考虑电子显示屏背面的防雨要求，也没有准备相应的防雨材料。受施工工期制约，不得已只能空运大批铝塑板和配套材料，给项目工期和后续工程施工带来很大影响，经济上也蒙受了较大的损失。因此，为尽量避免类似的问题的出现，总承包商应该在分包开始就将分包商纳入整个施工管理的一部分，并派专人负责协调联络并督促相关各方，及时通报信息。另外，在分包的二次深化设计阶段，总承包商应该与分包商设计技术人员充分交流场地自然环境和其他现实情况，使国内设计人员做到心中有数，把二次设计中可能出现的风险减到最低。

问题：试对本情景案例进行风险管理。

任务一　编制建设工程项目的风险管理

 工作步骤

> 步骤一　编制建设工程项目风险管理的任务
> 步骤二　编制建设工程项目风险的特征
> 步骤三　编制建设工程项目风险的分类

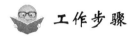 **知识链接**

一、风险及风险管理

1.建设工程项目的风险及其产生的原因

随着现代商品经济的不断发展,社会内部的政治、经济结构不断发生变化,部门行业及当事人之间的关系错综复杂,各种不确定性、不稳定的因素大大增加,使得各类产业的风险都越来越大。

在我国的许多项目中,由风险造成的损失是触目惊心的,许多工程案例说明了这个问题。建设工程项目风险管理做得好,能够使项目获得非常高的经济效果,同时也有助于建设项目竞争能力的提高。所以,在现代项目管理中,风险管理已成为研究的热点之一。

(1)风险的概念。风险的概念可以从经济学、保险学、风险管理等不同的角度给出不同的含义,至今尚无统一的定义。其中,为学术界和实务界较为普遍接受的有以下两种含义:其一,风险就是与出现损失有关的不确定性;其二,风险就是在给定情况下和特定时间内,可能发生的结果之间的差异(或实际结果与预期结果之间的差异)。当然,也可以考虑把这两种定义结合起来。

由上述风险的定义可知,所谓风险要具备两方面条件:一是不确定性,二是可能产生损失后果,否则就不能称为风险。因此,肯定发生损失后果的事件不是风险,没有损失后果的不确定性事件也不是风险。

(2)建设工程项目风险。建设工程项目风险是指在项目决策和实施过程中,造成实际结果与预期目标的差异性及其发生的概率。项目风险的差异性包括损失的不确定性和收益的不确定性。由于建设工程项目风险大,风险管理成为工程项目管理的重要内容,越来越引起人们的重视。建设工程项目的立项、各种分析、研究、设计和计划都是基于将来情况(政治、经济、社会、自然等各方面)的预测之上,基于正常的、理想的技术、管理和组织之上的。而在实际实施以及项目的运行过程中,这些因素都有可能会产生变化,各个方面都存在着不确定性。这些变化会使得原定的计划、方案受到干扰,使原定的目标不能实现。这些事先不能确定的内部和外部的干扰因素,称为建设工程项目风险。

2. 风险产生的原因

风险产生的原因既有由于项目外部环境的千变万化难以预料周详,又有由于项目本身的复杂性、人们的认识和预测能力的局限性。

(1)对项目定位认识的不准确性。即人们由于对组成项目各因素的认识不足,不能清楚地描述和说明项目的目的、内容、范围、组成、性质以及项目同环境之间的关系。风险的未来性使得这一原因成为最主要的原因。

(2)对基础数据获取的不准确性。即由于缺少必要的信息、尺度或者准则而产生的项目变数数值大小的不确定性。因为在确定项目变数数值时,人们有时难以获取有关的准确数据,甚至难以确定采用何种计量尺度或准则。

(3)对项目的预测、分析与评价的不确定性。即人们无法确认事件的预期结果及其发生的概率。

(4)不可预测的突发事件。即项目建设过程中可能会出现一些突发事件,而这些突发事件是人们无法事前预测到的。

二、建设工程项目风险管理概述

风险管理是为了达到一个组织的既定目标,而对组织所承担的各种风险进行管理的系统过程,其采取的方法应符合公众利益、人身安全、环境保护以及有关的法规的要求。风险管理包括策划、组织、领导、协调和控制等方面的工作。风险管理者通过对风险的预测、分析、评价、控制等来实现风险的管理。

(1)风险识别。建设工程项目是一个复杂系统,因而影响它的风险因素很多,影响关系也是错综复杂的,有直接的,有间接的,也有隐含的,或者是难以预料的,而且各个风险因素对项目决策产生的后果严重程度也是不相同的。风险预测就是通过调查、分解、讨论等提出这些可能存在的风险因素,对其性质进行鉴别和分类,并在众多的影响因素中抓住主要因素,揭示风险因素的本质。它是建设项目风险分析与评价的基础。

(2)风险分析。建设工程项目风险预测解决了项目有无风险因素的问题。在建设工程项目风险预测之后,下一步就要对建设工程项目风险进行分析。风险分析是对预测出来的风险进行测量,给定某一风险对建设工程项目的影响程度,使风险分析定量化,将风险分析与估计建立在科学的基础之上。风险分析的对象是单个风险,而非项目整体风险。建设工程项目风险分析是对建设项目风险预测的深化研究,同时又是风险评价的基础。

(3)风险评价。风险评价是指在建设工程项目风险预测和风险分析的基础上,综合考虑建设工程项目风险之间的相互影响、相互作用以及对建设项目的总体影响,针对项目的定量风险分析结果,与风险评价基准进行比较,给出项目具体风险因素对建设工程项目影响的程度,如投资增加的数额、工期延误的天数等。

(4)风险控制对策的制定。风险控制对策就是对建设工程项目风险预测、分析与评价的基本结果,在综合权衡的基础上,提出处置风险的意见和办法,以有效地消除和控制建设工程项目风险。

(5)实施效果的检查。在项目实施过程中,要对各项风险控制对策的执行情况进行不断的检查,并评价各项风险控制对策的执行效果。

建设工程项目风险管理就是通过采用科学的方法对工程项目建设风险进行识别、评价并以此为基础采用应对和相应的措施,有效地控制风险,可靠地实现工程项目的总目标。风险管理的目的并不是消灭风险,在工程项目中大多数风险是不可能由项目管理者消灭或排除的,而是要建立风险管理系统,将风险管理作为工程项目全过程的管理之一,在风险状态下,采取有效措施保证工程项目正常实施,保证工程项目的正常状态,减少风险造成的损失。

三、建设工程项目风险的特征

(1) 风险存在的客观性和普遍性。风险作为损失发生的不确定性,是不以人的意志为转移并超越人们主观意识的客观存在,而且在项目的整个寿命周期内,风险是无处不在、无时不有的。所以,人们只能在有限的空间和时间内改变风险存在和发生的条件,降低其发生的频率,减少损失程度,而不能也不可能完全完全消除风险。

(2)某一具体风险发生的偶然性和大量风险发生的必然性。任何一种具体风险的发生都是诸多风险因素和其他因素共同作用的结果,是一种随机现象。个别风险事故的发生是偶然的、杂乱无章的,但对大量风险风险事故资料的观察和统计分析,可以发现其呈现出明显的运动规律。

(3)风险的可变性。这是指在建设工程项目的整个过程中,各种风险在质和量上的变化,随着项目的进行,有些风险将得到控制,有些风险会发生并得到处理,同时在项目的每一阶段都可能产生新的风险。

(4)风险的多样性和多层次性。建设工程项目周期长、规模大、涉及范围广、风险因素数量多且种类繁杂致使其中整个寿命周期内面临的风险多种多样。而且大量风险因素之间错综复杂的关系、各风险因素与外界的影响又使风险显示出多层次性,这是建设工程项目中风险的主要特点之一。

根据风险的特征,制定不同的风险管理对策,将会有利于工程项目风险的管理与控制。

四、建设工程项目风险的分类

1.按风险的后果分类

按风险所造成的不同后果,可将风险分为纯风险和投机风险。纯风险是指只会造成损失而不会带来收益的风险。投机风险则是指既可能造成损失也可能创造额外收益的风险。

2.按风险产生的原因分类

按风险产生的不同原因,可将风险分为政治风险、社会风险、经济风险、自然风险、技术风险等。其中,经济风险的界定可能会有一定的差异,例如,有的学者将金融风险作为独立的一类风险来考虑。另外,需要注意的是,除了自然风险和技术风险是相对独立的之外,政治风险、社会风险和经济风险之间存在一定的联系,有时表现为相互影响,有时表现为因果关系,难以截然分开。

3.建设工程施工的风险分类

建设工程施工的风险按构成风险的因素进行分类,可分为组织风险、经济与管理风险、工程环境风险和技术风险。

(1)组织风险。具体包括以下几个方面:承包商管理人员和一般技工的知识、经验和能力;施工机械操作人员的知识、经验和能力;损失控制和安全管理人员的知识、经验和能力等。

(2)经济与管理风险。具体包括工程资金供应条件、合同风险、现场与公用防火设施的可用性及数量、事故防范措施和计划、人身安全控制计划、信息安全控制计划等。

（3）工程环境风险。具体包括自然灾害、岩土地质条件和水文地质条件、气象条件、引起火灾和爆炸的因素等。

（4）技术风险。具体包括工程设计文件、工程施工方案、工程物资、工程机械等。

工程项目风险管理的主要工作之一就是确定项目的风险类别，即可能有哪些风险发生。在不同的阶段，人们对风险的认识程度是不相同的，经历一个由浅入深逐步细化的过程。风险分类可以采用结构化分析方法，即由总体到细节、由宏观到微观，层层分解。

任务二　编制建设工程项目风险预测因素

 工作步骤

> 步骤一　编制风险因素预测的工作程序
> 步骤二　编制风险预测的方法

 知识链接

一、风险因素预测

风险因素预测就是估计建设项目风险形式，确定风险的来源、风险产生的条件，描述风险特征和确定哪些风险会对拟建项目产生影响。其目的就是识别出可能对建设项目进展产生影响的风险因素、性质以及风险产生的条件。

 特别提示

通过对项目进行风险因素预测，才能为项目风险管理提供依据，将有影响的各种风险因素罗列出来，作出项目风险目录表，再采用系统方法进行分析。风险因素预测直接影响风险分析与评价的质量。

二、风险因素预测的原则

1.多种方法综合预测的原则

建设工程项目的整个寿命周期内可能会遇到各种不同性质的风险因素，因此采用一种预测方法是不科学的，应该把多种方法结合起来，综合预测结果。

2.社会化的原则

风险因素预测必须考虑周围环境及一切与建设工程项目有关并受其影响的单位、个人等对该建设项目风险影响的要求；同时，风险因素预测还应充分考虑主要有关方面的各种法律、法规，使建设项目风险因素预测具有合法性。

3.适用性的原则

风险因素预测是一个比较复杂的工作环节,其研究应该是面向应用的,应与实践经验相联系的,应该可以建立一个标准的指标体系来进行预测。

三、风险因素预测的工作程序

建设工程项目风险因素预测的工作程序包括:①收集与项目风险有关的信息;②确定风险因素;③编制风险识别报告。具体过程见图 9-1。

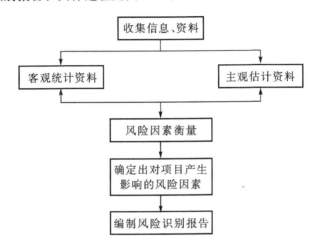

图 9-1　风险因素预测的工作程序

四、风险预测的方法

1.德尔菲法

德尔菲法,又称为专家调查法,它起源于 20 世纪 40 年代末期,由美国的兰德公司(Rand Corporation)首先使用,很快就在世界上盛行起来,目前此方法已经在经济、社会、工程技术等领域广泛应用。

德尔菲法的工作程序是首先由建设项目负责人选定和该项目有关领域的专家,并与之建立直接的函询联系,通过函询进行调查,收集意见后加以综合整理,然后将整理后的意见通过匿名的方式返回专家再次征求意见,如此反复多次后,专家的意见将会逐渐趋于一致,可以作为最后预测和识别的依据。

德尔菲法的重要环节就是制定函询调查表,调查表制定的好坏,直接关系到预测结果的质量。在制定调查表时,应该以封闭型的问句为主,将问题的答案列出,由专家根据自己的经验和知识进行选择,在问卷的最后,往往加入几个开放型的问句,让专家发挥其自身的主观能动性,充分表述自己的意见和看法。

2.情景分析法

情景分析法实际上就是一种假设分析方法,根据项目发展的趋势,预先设计出多种未来情景,对其整个过程作出自始至终的情景描述;同时,结合各种技术、经济和社会因素的影响,对项目的风险进行预测和识别。这种方法特别适合于以下几方面:提醒决策者注意某种措施和政策可能引起的风险或不确定性的后果;建议进行风险监视的范围;确定某些关键因素对未来进程的影响;提醒人们注意某种技术的发展会给人们带来的风险。

3.**面谈法**

建设项目主要负责人员通过和项目相关人员直接进行交流面谈,收集不同人员对项目风险的认识和建议,了解项目进行过程中的各项活动,将会有助于预测识别出那些在常规计划中容易被忽视的风险因素。

面谈之前项目有关人员应该进行相应的策划,准备一系列未解决的问题并提前把这些问题送到面谈者手中,使其对面谈的内容有所准备。

4.**流程图法**

将一项特定的生产或经营活动按步骤或阶段顺序以若干个模块形式组成一个流程图系列,在每个模块中都标示出各种潜在的风险因素,从而给风险管理者一个清晰的总体印象。

一般来说,对流程图中各步骤或阶段的划分比较容易,关键在于找出各步骤或阶段不同的风险因素。图9-2为用于识别建设项目风险因素分解流程图。

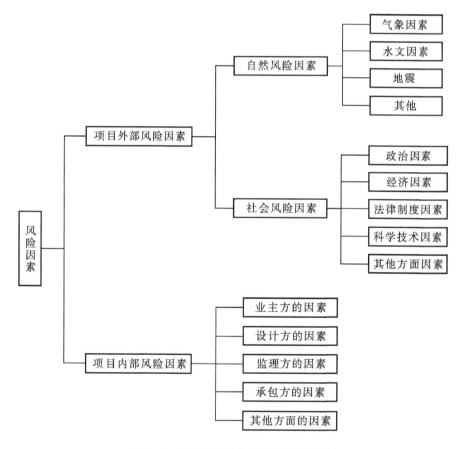

图 9-2　工程项目风险因素分解流程图

任务三 编制建设工程项目风险分析与评价的内容及方法

 工作步骤

> 步骤一 风险分析与评价的工作内容
> 步骤二 风险分析与评价的方法

 知识链接

一、风险分析与评价的原则

风险分析与评价是对风险的规律性进行研究和量化分析。风险评价的作用在于区分出不同风险的相对严重程度以及根据预先确定的可接受的风险水平(风险度)作出相应的决策。

施工项目风险分析与评价要坚持以下几个原则:

1.客观性原则

风险分析与评价应该本着客观、公正的态度,严格按照理论方法进行。

2.同步性原则

风险分析与评价中应用的某些指标应该与国家或者行业主管部门的标准保持一致。例如投资估算中,由于估算取值标准是由国家或者行业主管部门在某一时期统一制定的,随着社会的进步、经济社会的发展、科学技术生产力的提高,某些规范定额已经不能及时反映建设项目的生产劳动消耗和物资市场供求关系的变化;而且在建设项目的实施过程中,由于物价和汇率等的大幅度变化,会引起项目投资的大幅度变化,从而使得计划投资与实际投资相差很大,产生投资风险。因此,预测应该时刻与国家或者行业主管部门的标准保持一致。

3.经济性原则

风险分析评价应以风险最小且经济性最大为总目标,以最合理、最经济的方案为最终评价标准。

4.满意性原则

不管采用什么方法,投入多少资源,项目的不确定性是绝对的,而确定性是相对的。因此,在风险分析与评价过程中存在着一定的不确定性,只要能达到既定的满意要求就行。

二、风险分析与评价的工作内容

风险评价包括以下工作:

(1)利用已有数据资料(主要是类似项目有关风险的历史资料)和相关专业方法分析各种风险因素发生的概率;

(2)分析各种风险的损失量,包括可能发生的工期损失、费用损失,以及对工程的质量、功能和使用效果等方面的影响;

(3)根据各种风险发生的概率和损失量,确定各种风险事件的风险量和风险等级。

风险分析与评价是对风险的规律性进行研究和量化分析。对罗列出来的每一个风险必须进行风险损失量的分析。这一工作对风险的预警有很大的作用。

三、风险分析与评价的方法

1.风险损失量及风险等级

(1)风险损失量。风险损失量指的是不确定的损失程度和损失发生的概率。若某个可能发生的事件其可能的损失程度和发生的概率都很大,则其风险损失量就很大。如图9-3中的风险区A。

若某风险事件经过风险评估,它处于风险区A,则应采取措施,降低其概率,以使它移位至风险区B;或采取措施降低其损失量,以使它移位至风险区C。风险区B和风险区C的风险事件则应采取措施,使其移位至风险区D。

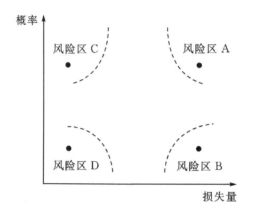

图9-3 事件风险量区域

(2)风险等级。在《建设工程项目管理规范》(GB/T50326-2006)的条文说明中所列风险等级评估表如表9-1所示。

表9-1 风险等级评估表

风险等级 可能性	后果 轻度损失	中度损失	重大损失
很大	3	4	5
中等	2	3	4
极小	1	2	3

根据表9-1风险等级划分和图9-3风险区域划分,各风险区的风险等级如下:①风险区A——5等风险;②风险区B——3等风险;③风险区C——3等风险;④风险区D——1等风险。

2.敏感性分析法

敏感性分析是研究建设工程项目的主要因素如经营成本、投资、建设期等主要变量发生变化时,导致建设工程项目主要经济效益指标如内部收益率、净现值、投资回收期等的预期值发生变动的敏感程度的一种分析方法。如图9-4是某建设工程项目敏感性分析。从图中可以明显看出,当该技术方案的投资额增加19%,经营收入降低10%时,该方案从经济角度看就会承担风险。

通过敏感性分析,可以找出项目的敏感因素,并确定这些因素变化后,对评价指标的影响程度,了解项目建设过程中可能遇到的风险,从而为风险控制与管理打下基础。另外,还可以筛选出若干最为敏感的因素,有利于对它们集中力量进行研究,重点调查和收集资料,尽量降低因素的不确定性,进而减少项目的风险。

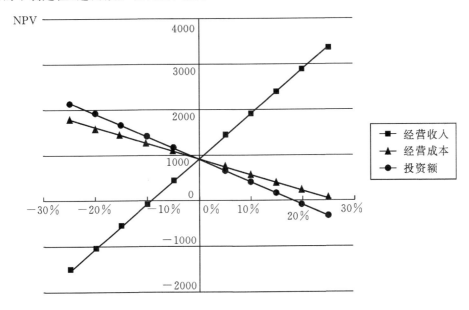

图9-4 某建设项目敏感性分析

3.决策树分析法

决策树分析法是常用的风险分析决策方法。该方法是一种用树形图来描述各方案在未来收益的计算、比较以及选择的方法,其决策是以期望值为标准的。人们对未来可能会遇到好几种不同的情况。每种情况均有出现的可能,人们目前无法确知,但是可以根据以前的资料来推断各种自然状态出现的概率。在这样的条件下,人们计算的各种方案在未来的经济效果只能是考虑到各种自然状态出现的概率的期望值,与未来的实际收益不会完全相等。

(1)决策树的绘制方法。

①先画一个方框作为出发点,称为决策点。

②从决策点引出若干直线,表示该决策点有若干可供选择的方案,在每条直线上标明方案名称,称为方案分枝。

③在方案分枝的末端画一圆圈,称为自然状态点或机会点。

④从状态点再引出若干直线,表示可能发生的各种自然状态,并标明出现的概率,称为状态分枝或概率分枝。

⑤在概率分枝的末端画一个小三角形,写上各方案中每种自然状态下的收益值或损失值,称为结果点。

这样构成的图形称为决策树。它以方框、圆圈为结点,并用直线把它们连接起来构成树枝状图形,把决策方案、自然状态及其概率、损益期望值系统地在图上反映出来,供决策者抉择。

(2)决策树法的解题步骤。

①列出方案。通过资料的整理和分析,提出决策要解决的问题,针对具体问题列出方案,并绘制成表格。

②根据方案绘制决策树。画决策树的过程,实质上是拟订各种抉择方案的过程,是对未来可能发生的各种事件进行周密思考、预测和预计的过程,是对决策问题一步一步深入探索的过程。决策树按从左到右的顺序绘制。

③计算各方案的期望值。它是按事件出现的概率计算出来的可能得到的损益值,并不是肯定能够得到的损益值,所以叫期望值。计算时从决策树最右端的结果点开始。

$$期望值＝\sum(各种自然状态的概率×收益值或损失值)$$

④方案选择,即抉择。在各决策点上比较各方案的损益期望值,以其中最大者为最佳方案。在被舍弃的方案分枝上画两杠表示剪枝。

【例 9 - 1】 某建筑公司拟建一预制构件厂,一个方案是建大厂,需投资 300 万元,建成后如销路好每年可获利 100 万元,如销路差,每年要亏损 20 万元;另一个方案是建小厂,需投资 170 万元,建成后如销路好每年可获利 40 万元,如销路差每年可获利 30 万元。两方案的使用期均为 10 年,销路好的概率是 0.7,销路差的概率是 0.3,试用决策树法选择方案。

解:(1)按题意列方案表如表 9-2 所示。

表 9‐2　方案中不同状态下的损益值

自然状态	概率	方案(万元)	
		建大厂	建小厂
销路好	0.7	100	40
销路差	0.3	−20	30

(2)绘制决策树,如图 9-5 所示。

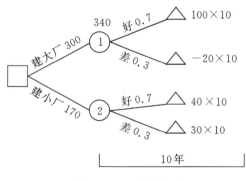

图 9‐5　决策树图示

(3)计算期望值并扣除投资后的净收益为：

点①：净收益$=[100\times0.7+(-20\times0.3)]\times10-300=340$(万元)

点②：净收益$=[40\times0.7+30\times0.3]\times10-170=200$(万元)

(4)方案决策。由于点①的损益期望值大于点②的损益期望值，故选用建大厂的方案。

任务四　进行建设工程项目风险控制与管理

 工作步骤

> 步骤一　编制建设工程项目风险控制对策
> 步骤二　进行建设工程项目实施中的风险控制
> 步骤三　编制建设工程项目风险管理措施

 知识链接

一、风险控制的概念

在整个建设工程项目的进展过程中应收集和分析与风险有关的各种信息，预测可能发生的风险，对其进行监控并提出预警。

风险控制就是通过对风险识别、估计、评价、应对全过程的检测和控制，从而保证风险管理能达到预期的目标。其目的是：核对风险管理措施的实际效果是否与预见的相同；寻找机会改善风险回避计划；获取反馈信息，以便将来的决策更符合实际。在风险监控过程中，及时发现那些新出现的以及随着时间推延而发生变化的风险，然后及时反馈，并根据对项目的影响程度，重新进行风险规划、识别、估计、评价和应对。

二、建设工程项目风险的控制对策

1.实施风险控制对策应遵循的原则

(1)主动性原则。对风险的发生要有预见性与先见性，项目的成败结果不是在结束时出现，而是在开始时产生的，因此要想在、做在风险发生之前，采取主动措施来防范风险。

(2)"终身服务"原则。从建设项目的立项到结束的全过程，都必须进行风险的研究与预测、过程控制以及风险评价。

(3)理智性原则。回避大的风险，选择相对小的或者适当的风险。对于那些可能明显导致亏损的拟建项目就应该放弃，而对于某些风险超过其承受能力，并且成功把握不大的拟建项目应该尽量回避。

2.常用的风险控制对策

(1)加强项目的竞争力分析。竞争力分析是研究建设项目在国内外市场竞争中获胜的可能性和获利能力。评价人员应站在战略的高度，首先分析建设项目的外部环境，寻求建设项目的生存机会以及存在的威胁;客观认识建设项目的内部条件,了解自身的优势和劣势,提高项目的竞争能力,从而降低项目的风险。

(2)科学筛选关键风险因素。建设项目总的风险有一定的范围和规律性,这些风险必须在项目参加者(例如投资者、业主、项目管理者、各承包商、供应商等)之间进行合理的分配、筛选,最大限度地发挥各方风险控制的积极性,提高建设项目的效益。

(3)确保资金运行顺畅。在建设过程中,资金成本、资金结构、利息率、经营成果等资金筹措风险因素是影响项目顺利进行的关键因素,当这些风险因素出现时,出现资金链断裂、资源损失浪费、产品滞销等情况,可造成项目投资时期停建、无法收尾。因此,投资者应该充分考虑社会经济背景及自身经营状况,合理选择资金的构成方式来规避筹资风险,确保资金运行顺畅。

(4)充分了解行业信息提高风险分析与评价的可靠度。借鉴不同案例中的基础数据和信息,为承担风险的各方提供可供借鉴的决策经验,提高风险分析与评价的可靠度。

(5)采用先进的技术方案。为减少风险产生的可能性,应该选择有弹性、抗风险能力强的技术方案。

(6)组建有效的风险管理团队。风险具有两面性,是机遇又是挑战。这就要求风险管理人员加强监控,因势利导。一旦发生问题,要及时采取转移或缓解风险等措施;如果发现机遇,要把握时机,利用风险中蕴藏的机会来获得回报。

当然,风险应对策略远不止这些,我们应该不断提高项目风险管理的应变能力,适时的采取行之有效的应对策略,以保证风险程度最低化。

三、建设工程项目实施中的风险控制

任何人对自己承担的风险应有准备和对策,应有计划,应充分利用自己的技术、管理、组织的优势和经验,在分析与评价的基础上建立完善的风险应对管理措施,采取主动行动,合理地使用规避、减少、分散或转移等方法和技术对建设项目所涉及的潜在风险因素进行有效的控制,妥善地处理风险因素对建设项目造成的不利后果,以保证建设项目安全、可靠地实现既定目标。

1. 风险监控和预警

风险监控和预警是项目控制的内容之一。在工程中不断地收集和分析各种信息,捕捉风险前奏的信号,例如:天气预测警报;各种市场行情、价格变动;政治形势和外交动态;各投资者企业状况报告。在工程中通过工期和进度的跟踪、成本的跟踪分析、合同监督、各种质量监控报告、现场情况报告等手段,了解工程风险。

2. 及时采取措施控制风险的影响

这就是指风险因素产生前为了消除或减少可能引起损失的各种因素而采取的各种具体措施,也就是设法消除或减少各种风险因素,以降低风险发生的频率。

3. 在风险状态,保证工程顺利实施

不是所有的风险都可以采取措施进行控制的,如地震、洪灾、台风等。风险控制只是在特定范围内及特定的角度上才有效,因此,避免了某种风险,又可能产生另一种新的风险。具体措施有:控制工程施工,保证完成预定目标,防止工程中断和成本超支;争取获得风险的赔偿,例如向业主、保险单位、风险责任者提出索赔等。

工程项目实施中的风险控制主要贯穿着项目的进度控制、成本控制、质量与安全控制、合同控制等过程中。

四、建设工程项目风险管理措施

建立健全、合理和稳定的管理组织是项目风险管理活动有效进行的重要保证。建设工程项目风险管理的组织主要指为实现风险管理目标而建立的组织结构,即组织机构、管理体制和人员。项目风险的管理组织具体如何设立、采取何种方式、需要多大的规模,取决于多种因素。其中决定性的因素是项目风险在时空上的分布特点,建设工程项目风险存在于项目的每个阶段,因此,对建设工程项目的风险管理,即可分为项目前期、招投标阶段、施工阶段及竣工阶段四个方面。也即工程项目的整个寿命周期内进行全过程的风险管理。

1.建设工程项目前期阶段风险管理

在项目的设计筹划时期,必须要考虑行业风险、市场风险、政策及法律法规变更风险,在此时期必须对该项目的可行性进行技术论证,科学地确定项目目标,及选择合适的建设场地,同时认真审核建筑设计图,防止设计图纸不合理或变更而引起的风险发生。

2.建设工程项目招投标阶段风险管理

从业主的角度来看,此阶段可采取的风险管理措施有:委托信誉良好的项目咨询企业编制科学的工期及工程量清单,准确计算工程量,合理编制项目计划,清晰描述项目目标及工程内容,选择合适的合同计价方式,招标的范围要标示清楚,规范招标过程,选择优质且声誉较好的承包商。

3.建设工程项目施工阶段风险管理

加强对施工图纸的会审工作,尽量减少施工过程中的工程变更,加强对承包商资质的审查及监督,严控工程质量及工程进度,加强合同管理,对施工现场的工程情况进行严密的登记,以确保对现场的实时监控。

4.建设工程项目竣工阶段风险管理

竣工验收阶段是工程项目的最终阶段,此时必须对项目工程进行验收及鉴定,此时风险管理工作的主要内容有:确定竣工资料的真实及准确性,规范工程验收工作流程,认真核对项目投资及成本开销。

项目习题

一、单项选择题(每题备选项中,只有一个最符合题意)

1.对于建设工程项目管理而言,风险是指可能出现的影响项目目标实现的( )。

　　A.确定因素　　　　　　B.肯定因素　　　　　　C.不确定因素　　　D.确定事件

2.岩土地质条件和水文地质条件属于( )。

　　A.组织风险　　　　　　B.经济与管理风险　　　C.设计风险　　　　D.工程环境风险

3.若某事件经过风险评估,位于事件风险量区域图中的风险区 A,则应( )。

　　A.采取措施,降低其发生概率,使它移位至风险区 D

　　B.采取措施,降低其损失量,使它移位至风险区 C

　　C.采取措施,降低其发生概率,使它移位至风险区 C

　　D.采取措施,降低其损失量,使它移位至风险区 B

二、多项选择题(每题备选项中,至少有2个符合题意)

1. 风险量指的是不确定的( )。

   A. 损失程度　　　　B. 损失发生的时间　　C. 损失发生的地点

   D. 损失发生的概率　E. 损失发生的范围

2. 就管理职能而言,风险管理包括策划、( )等方面的工作。

   A. 组织　　　　　　B. 协调　　　　　　　C. 归纳

   D. 转移　　　　　　E. 控制

3. 建设工程项目风险存在于项目的( )阶段。

   A. 建设工程项目前期阶段风险管理

   B. 建设工程项目招投标阶段风险管理

   C. 建设工程项目施工阶段风险管理

   D. 提高风险分析与评价的可靠度

   E. 建设工程竣工阶段风险管理

4. 常用的风险控制对策有( )。

   A. 加强项目的竞争力分析　　　　　　B. 科学筛选关键风险因素

   C. 确保资金运行顺畅　　　　　　　　D. 采用先进的技术方案

   E. 组建有效的风险管理团队

5. 风险分析与评价的原则有( )。

   A. 客观性原则　　B. 经济性原则　　　C. 同步性原则　　D. 社会化原则

   E. 满意性原则

6. 建设工程施工的风险类型可按照构成的因素分类,属于施工风险中组织风险的有( )。

   A. 施工管理人员的能力

   B. 施工操作人员的经验

   C. 施工机械的性能

   D. 安全管理人员的知识水平

   E. 施工方案的合理性

三、案例题

　　某建设单位拟与A建筑公司以固定总价合同形式签订钢筋混凝土排架结构单层厂房的施工承包合同。合同签订前的分析时,A建筑公司估计材料价格上涨的可能性很大,但如果出现上涨情况可能造成的损失属于中度损失。在施工过程中,出现了严重的质量隐患,由于A建筑公司技术人员的经验不足,没有及时发现,结果出现了质量事故。

　　根据背景资料,作答下列问题。

1. 材料价格上涨导致成本增加的风险,属于( )。

   A. 组织　　　　　　B. 工程环境　　　　C. 经济与管理　　D. 技术风险

2. 对于材料价格上涨造成损失的这一风险的评估,其等级应评为( )。

   A. 2　　　　　　　B. 3　　　　　　　　C. 4　　　　　　　D. 5

3. 出现该质量事故的这种风险,属于施工管理风险类型中的( )。

   A. 经济与管理风险　　　　　　　　　　B. 组织风险

   C. 工程环境风险　　　　　　　　　　　D. 技术风险

四、简答题

1. 简述风险管理的概念。

2. 建设工程施工的风险按构成风险的因素进行分类可分为哪些类型?

3. 风险分析与评价有哪些具体的方法?

五、思考与实践

以个人所接触的建设工程项目作为案例,找出影响最大同时又是最常见的风险因素,并分析通常会采用哪些风险控制对策对该类型的项目进行风险管理。

项目十
建设工程项目沟通管理

学习目标

知识目标 了解沟通的基本知识,理解沟通管理的含义;掌握建设工程项目沟通管理的类型;掌握建设工程项目沟通管理过程;掌握过程项目沟通控制。

能力目标 能利用所学到的理论知识在实际工程中进行沟通管理并进行组织协调工作。

案例导入

某系统集成商 B 负责某大学城 A 的三个校园网的建设,是某弱电总承包商的分包商。田某是系统集成商 B 的高级项目经理,对三个校园网建设负总责。关某、夏某和宋某是系统集成商 B 的项目经理,各负责其中的一个校园建设项目。项目建设方聘请了监理公司对项目进行监理。

系统集成商 B 承揽的大学城 A 校园网建设项目,计划从 2008 年 5 月 8 日启动,于 2010 年 8 月 1 日完工。期间因项目建设方的资金问题,整个大学城的建设延后 5 个月,其校园项目的完工日期也顺延到 2011 年 1 月 1 日,期间田某因故离职,其工作由系统集成商 B 的另一位高级项目经理鲍某接替。鲍某第一次拜访客户时,客户对项目状况非常不满。和鲍某一起拜访客户的有系统集成商 B 的主管副总、销售部总监、销售经理和关某、夏某和宋某三个项目经理。客户的意见如下:

你们负责的校园网项目进度一再滞后,你们不停地保证,又不停地延误。

你们在实施自己的项目过程中,不能与其他承包商配合,影响了进度。

你们在项目现场,不遵守现场的管理规定,造成了现场的混乱。

你们的技术人员水平太差,对客户的询问总不能提供及时的答复。

……

听到客户的意见,鲍某很生气,而关某、夏某和宋某也向鲍某反映项目现场的确很乱,他们已完成了工作经常被其他承包商搅乱,但责任不在他们。至于客户的其他指控,关某、夏某则显得很无辜,他们管理的项目不至于那么糟糕,他们的项目进展和成绩客户一概不知,而问题却被扩大甚至扭曲。

问题:

1.请简要叙述发生上述情况的可能原因有哪些?

2.针对监理的作用,承建方如何与监理协同?

3.简要指出如何制定有多个承包商参与的项目的沟通管理计划?

任务一　编制建设工程项目沟通计划

知识链接

项目利益相关者之间良好有效地沟通是组织效率的确实保证,而管理者与被管理者之间的有效沟通是任何管理艺术的精髓。

一、工程项目沟通管理概述

(一)沟通管理的内涵

沟通就是信息的交流。项目沟通管理就是确保通过正式的结构和步骤,及时、适当地对项目信息进行收集、分发、储存和处理,并对非正式的沟通网络进行必要的控制,以利于项目目标的实现。

(二)项目沟通管理的类型

沟通管理按照信息流向的不同,可分为下向沟通、上向沟通、平行沟通、外向沟通、单向沟通、双向沟通;按沟通的方法不同,可分为正式沟通、非正式沟通、书面沟通、口头沟通、言语沟通、体语沟通;按沟通渠道的不同可分为链式沟通、轮式沟通、环式沟通、Y式沟通、全通道式沟通。

(三)网络沟通

1.网络沟通的优势

网络沟通可大大降低沟通成本,使沟通主体直观化,极大地缩小了信息储存空间,工作便利,安全性好,跨平台,容易集成。

2.网络沟通的方式

网络沟通的方式包括:基于网络的信息处理平台;数据通讯网络;互联网;基于互联网的项目专用网站;电子邮件;基于互联网的项目信息门户。

(四)沟通在工程项目管理中的作用

项目经理最重要的工作之一就是沟通。通常花在这方面的时间应该占到全部工作的75%以上。沟通在工程项目管理中的作用如下:

(1)激励。良好的组织沟通,可以起到振奋员工士气、提高工作效率的作用。

(2)创新。在有效地沟通中,沟通者互相讨论,启发共同思考、探索,往往能迸发创新的火花。

(3)交流。沟通的一个重要职能就是交流信息,例如,在一个具体的建筑项目中,业主、设计方、施工方、监理方要通过定期经常的例会,以便各部门达成共识,更好地推进项目的进展。

(4)联系。项目主管可通过信息沟通了解业主的需要、设备方的供应能力及其他外部环境信息。

(5)信息分发。在信息社会中,获得信息的能力和对信息占有的数量及质量对于规避风险、管好项目是不可替代的。有不少项目缺乏效率甚至失败,就是因为没有很好地管理项目的信息资源。所谓信息分发,就是把有效信息及时准确地分发给项目的利益相关者。

二、工程项目沟通管理体系包含的内容

在一个比较完整的沟通管理体系中,应该包括以下几个方面内容:沟通计划、沟通管理要素、沟通的技术方法、工程项目信息管理。

(一)工程项目沟通计划

1.工程项目沟通计划的重要性

工程项目沟通计划是工程项目整体计划中的一部分,它的作用非常重要,但是也常常容易被忽视。沟通计划决定项目利益相关者的信息沟通需求:谁需要什么信息,什么时候需要,怎样获得。项目经理的就位后的第一件事就是检查整个项目的沟通计划,因为在沟通计划中描述了项目信息的收集和归档结构、信息的发布方式、信息的内容、每类沟通产生的进度计划、约定的沟通方式等。只有把这些理解透彻,才能把握好沟通,在此基础之上熟悉项目的其他情况。很多项目中没有完整的沟通计划,导致沟通非常混乱。完全依靠客户关系或以前的项目经验,或者说完全靠项目经理个人能力的高低,对有的项目沟通也还有效;然而,严格说来,一种高效的体系不应该只在大脑中存在,落实到规范的计划编制中是很有必要的。在项目初始阶段应该编制沟通计划。在编制项目沟通计划时,最重要的是理解组织结构和做好项目利益相关者分析。

2.沟通计划的内容

沟通计划的内容如下:

(1)详细说明不同类别信息的生成、收集和归档方式,以及对先前发布材料的更新和纠正程序。

(2)详细说明信息(状态报告、数据、进度计划、技术文档等)流程及其相应的发布方式。

(3)信息描述,如格式、内容、详细程度以及应采取的准则。

(4)沟通类型表。

(5)各种沟通类型之间的信息获取方式。

(6)随着项目的进展,更新和细化沟通管理计划的程序。

3.工程项目沟通计划编制的依据

工程项目沟通计划编制的依据包括沟通要求、沟通技术、制约因素和假设。

(1)沟通要求。沟通要求是项目参加者的信息要求总和。项目沟通要求的信息一般包括:项目组织和各利益相关者之间的关系;该项目涉及的技术知识;项目本身的特点决定的信息特点;与项目组织外部的联系等。

(2)沟通技术。沟通技术即传递信息所使用的技术和方法。技术和方法很多,如何选择才能有效地、快捷地传递信息,取决于下列因素:对信息要求的紧迫程度、技术的取得性、预期的项目环境等。

(3)制约因素和假设。制约因素和假设是限制项目管理班子选择计划方案的因素,具有预测性,因此带有主观性,并使计划具有一定的不可预见因素。

(4)沟通计划编制的结果。沟通计划编制的结果包括:项目利益相关者分析结果、沟通计划文件。

(二)工程项目沟通管理要素

沟通过程是发送者将信息通过选定的渠道传递给接收者的过程,沟通过程主要由以下六个要素构成:发送者、渠道、接收者、信息反馈、障碍源、背景。

(三)沟通的技术方法

沟通可选择的方法众多,包括:会议与个别交流、指示与汇报、书面与口头内部刊物与宣传广告、意见箱与投诉站、技术方法等。其中技术方法包括:谈判、现代信息技术工具、执行情况报告及审查、偏差分析和趋势预测、语言。

(四)工程项目信息管理

(1)项目的信息管理是指有效地、有序地、有组织地对项目全过程的信息资源进行管理。这些信息资源包括项目整个生命期内不断产生的文件、报告、合同、照片、图纸、录像等。

(2)每个项目参与方既是项目信息的供方(源头),也是项目信息的需方(用户),每个项目参与方由于其在项目生命期中所处的阶段与工作不同,相应的项目管理信息系统的结构和功能会有所不同。

(3)项目信息管理系统是针对项目信息管理构建的一系列的信息管理构架。一般包括:项目进度信息管理系统、项目造价信息管理系统、项目质量信息管理系统、项目安全信息管理系统、项目合同信息管理系统、项目财务信息管理系统、项目物资信息管理系统、项目图文档案信息管理系统、项目办公与决策信息管理系统等九个管理系统。

(4)信息分发。信息分发就是把收集到的信息及时地传递到信息需求者手中。信息分发以项目计划的工作结果、沟通管理计划及项目计划为依据。

任务二　进行建设工程项目沟通控制

 知识链接

一、工程项目沟通障碍和沟通技巧

(一)工程项目沟通障碍

沟通障碍导致信息没有到达目的地,或使另一方产生误解,是导致项目失败的重要原因。

(1)沟通有两条关键原则,即尽早沟通和主动沟通。

(2)保持畅通的沟通渠道。如果要想最大程度保障沟通顺畅,就要当信息有媒介中传播时尽力避免各种干扰,使得信息在传递中保持原始状态。信息发送出去并接收到之后,双方必须对理解情况做检查和反馈,确保沟通的正确性。

(3)越过沟通的障碍的方法。

①系统思考,充分准备。在进行沟通之前,信息发送者必须对其要传递的信息有详尽的准备,并据此选择适宜的沟通通道、场所等。

②沟通要因人制宜。信息发送者必须充分考虑接收者的心理特征、知识背景等状况,依次调整自己的谈话方式。

③充分运用反馈。许多沟通问题是由于接收者未能准确把握发送者的意思而造成的,如果沟通双方在沟通中积极使用反馈这一手段,就会减少这类问题的发生。

④积极倾听。积极倾听要求你能站在说话者的立场上,运用对方的思维架构去了解信息。

⑤调整心态。情绪对沟通的过程有着巨大影响,过于兴奋、失望等情绪一方面易造成对信息的误解,另一方面也易造成过激的反应。

⑥注意非言语信息。非言语信息往往比言语信息更能打动人。因此,如果你是发送者,必须确保你发出的非语言信息能强化语言的作用。体语沟通非常重要。

⑦组织沟通检查。组织沟通检查是指检查沟通政策、沟通网络以及沟通活动的一种方法。这一方法把组织沟通看成实现组织目标的一种手段,而不是为沟通而沟通。

(二)工程项目沟通技巧

1.项目管理者应有的素质

一个成功的项目管理者在沟通时应具有的基本沟通素质:

(1)能简明扼要地说明任务的性质。

(2)应告知员工去做什么,如何去做。

(3)会鼓励员工圆满完成任务。

(4)能与员工建立和谐关系。

(5)能与员工一起探讨问题,并听取他们的意见。

(6)能有效地分配职责,并了解职员应该向你提出的问题。

(7)作为领导,恰当地解释在特定环境中的失常行为。

2.工程项目冲突管理

(1)工程项目冲突管理的目的就是引导冲突的结果向积极的、协作的、非破坏性的方向发展。

①项目进度冲突:项目工作任务(或活动)的完成次序及所需时间的冲突。

②优先权冲突:项目参加者因对现实项目目标应该执行的工作活动和任务的次序关系意见不同而产生的冲突。

③人力资源冲突:由于来自不同职能部门而引发的有关项目团队成员支配问题等用人方面的冲突。

④技术冲突:在技术质量、技术性能要求、技术权衡以及实现性能的手段等技术问题上产生的冲突。

⑤管理程序冲突:围绕项目管理问题而产生的冲突。包括项目经理的报告关系界定、责任界定、项目工作范围、运行要求、实施计划、与其他组织协商的工作协议以及管理支持程序等方面。

⑥成本费用冲突:在费用分配问题上产生的冲突。

⑦项目成员个性冲突:由于项目成员的价值观、事物判断标准等不同而产生的冲突。

⑧冲突的基本的解决模式有以下五种:

A.退出:指卷入冲突的项目成员从中退出,从而避免发生实质的或潜在的争端。

B.强制:这一策略的实质是"非赢即输",认为在冲突中获胜要比"勉强"保持人际关系更为重要,是一种积极的解决冲突的方式。

C.缓和:实质是"求同存异",尽可能在冲突中强调意见一致的方面,而忽视差异。

D.妥协:实质是协商并寻求争论双方在一定程度上都满意的方法,旨在寻找一种折中方案。

E.协商:直接面对冲突以克服分歧,解决冲突,是一条积极的冲突解决途径,既正视问题的结局,也重视团队之间的关系。

二、变更管理中的沟通

(1)变更管理必须实现以下目标:

①项目组与业务部门领导、公司决策层之间能进行开诚布公、及时有效的沟通,从而获得他们的支持、参与、推动。

②项目组内部能进行清楚高效的沟通,以保证项目组成员的工作能协调一致,按时、保质、保量交付成果,并得到认同和提升。

③所有员工都应理解项目实施的原因、意义及其对整个组织及组织内部每个功能、地域实体的影响。

④广大员工能看到公司高层领导通过实际行动所表现出来的对于项目实施的支持与承诺。

⑤保证组织合理安排员工的工作职责和角色转换,以及可能发生的组织结构调整。

⑥对系统进行相关的最终用户进行教育与培训,使其以积极主动的心态迎接可能的变更,并具有相应的技能来适应这种变更。

⑦加强内外部的宣传与沟通,为项目顺利推进营造一种适宜的组织氛围。

(2)变更管理工作的核心就是沟通。变更沟通必须做到以下几点:

①培养用户对项目的价值与战略重要性的认同感。

②保持信息的一致性与重复性,因为在长期变更中最容易受到影响的就是信息的清晰性。

③通过行动的一致性来建立信任。

④形成双向交流,就信息源所提出的问题及其回答给予回应。

⑤理解不同的对象会有不同的需求、兴趣及理解事物的倾向性。

⑥增强项目进度的透明度,并确保包括各相关业务部门在内的各方了解项目的进展。

项目习题

1.建设工程项目沟通管理的含义是什么?

2.建设工程项目沟通管理的类型有哪些?

3.网络沟通有哪些优势?

4.工程项目沟通计划编制的依据有哪些?

项目十一
建设工程项目资料管理

学习目标

知识目标 了解建设工程项目资料的内容及编制要求,掌握建设工程施工阶段资料的编制及管理方法。

能力目标 能够有效地将所学理论、技术和方法应用于建设工程施工过程中资料的编制、管理和归档。

案例导入

在陕西的关中平原中部,西安、咸阳两市边界相连,市中心仅相距 25 千米。进入本世纪以来,西、咸一体化的呼声越来越高。沿着连接两市的双向十车道的世纪大道,成片的高楼大厦拔地而起。建设西、咸国际化大都市的口号,使许多人振奋不已。

隶属咸阳管辖的朝阳镇位于世纪大道旁。2005 年,镇上许多居民和农民看到了西、咸之间商机无限,经人牵头,大家纷纷集资准备在镇上兴建一座商业楼。其中不乏文人学士,为未来的商业楼起名为"Lustan",意思是绿色的地方。镇上领导比较支持大家的想法。不久在镇上划出一块醒目的地方,并领取了施工许可证。其他证照一律未办。镇上原有几家作坊式的建筑队,此次合并成"Lustan"公司,承担了商业楼的修建任务。镇上一下子沸腾起来,"日以继夜"的施工打破了小镇往日的宁静。仅仅过了四个多月,一座外镶绿色瓷片的五层大楼就耸立在人们的视野中。镇上到处都有人在宣传,什么"绿色的大楼,财富的源泉!",什么"时不我待莫观望,快来绿楼占摊位!"……大喇叭在吼,小镇的墙和地被人重复地书写着关于绿楼的广告,使人想起了"文革"年代。没有多久,在一阵接一阵的鞭炮声中,"Lustan"商业楼居然开始营业了。白天,大楼的绿色外表在阳光下焕发出迷彩。夜来,"Lustan"霓虹灯在跳跃,不停地变换着色彩,还有轻音乐在风中流淌。婀娜多姿的绿楼吸引着四面八方的人们向这里赶来,其中有不少是家住市区的居民。进了绿楼,所有的人都大吃一惊:施工仍在进行。特别是夜晚,施工的人和经商的人都在挑灯夜战,所有的灯都是临时接的白炽灯,粉尘和锯石材的噪音在大厅里回荡。来此一观的人却成了多余者,有不少人在湿乎乎的墙上蹭了不少泥污然后愤愤离去。后来了解到,这种迫不及待搞经营的始作俑者竟是某几位镇领导。原来绿楼的建设经费严重不足,于是便有人出了这个馊主意,目的是收取个体经营户的摊位押金以解燃眉之急。此后绿楼便有了一个响亮的别称——"驴屎蛋",竟与"Lustan"的发音十分相近。在以后几个月中,也不知那些个体小老板是怎样怀揣发财的梦在那里坚持"巷战"的。听说发生了两起火灾,有一起是施工接线短路引起的。还有一位年龄稍长的商户从二楼下来时因扶手松动而摔坏了腰,住了 20 多天院。经查,扶手下的钢筋没焊结实。

后来市领导接到举报开始过问朝阳镇绿楼的事,要质监站的同志去查一查。不查不知道,一查吓一跳。主持绿楼建设的人来自河北,自称"泥瓦匠李三",却没有任何建筑技术职称。施工图纸是由正规设计院给出的,但施工过程中除了若干购料单据外,几乎没有什么正规的施工资料。所有的施工安排都被密密麻麻地记在李三的绿皮本上。向李三问几个建筑法方面的问题,他的回答大都黏黏糊糊。例如问他"工程未竣工能否使用",他耸肩缩脖,两手平摊,做了一个老外的动作。所谓"Lustan"公司,纯属宣传需要。实际是几个乡村建筑队各干各的活,各记各的账。不久市里发文(因为市辖区一般不管建设事务),决定拆除朝阳镇"Lustan"商业楼。理由有二:一是该楼系违规建筑,存在重大质量隐患;二是朝阳镇已纳入市区直辖,成立街道办,取代镇政府,"Lustan"楼的建设严重干扰了城区的市政建设整体规划。于是在 2006 年初夏,那幢"驴屎蛋"楼便永远从人们的视野中消失了。

任务一　编制施工准备阶段资料并进行控制

 工作步骤

> 步骤一　编制施工准备阶段所形成的资料
> 步骤二　在施工准备阶段进行准备资料的控制

 知识链接

建设工程项目资料包括建设单位项目资料、施工单位项目资料、监理单位项目资料。施工项目的资料管理是施工项目管理的重要组成部分,主要是指对施工项目实施过程中产生的和与项目实施相关联的各种文档、资料,按照一定的原则进行整理、保存和管理。其主要目的是为了在项目实施期间的资料档案被查阅的额度更高,因此,要在确保资料档案安全的前提下,要以方便实用为原则,有效地服务于施工项目的实施。

⚠ **特别提示**

根据我国《建设工程文件归档整理规范》(GB/T50328—2001)的规定,工程项目归档资料为 149 份,加上操作层面未入档案的资料,共计 200—300 份,可以说浩如烟海。其中施工资料约占 60%,监理资料约占 1/6。

开工环节应做的资料管理工作,包括:编列施工组织计划;领取有关施工证照及办理各种施工手续;完善开工条件,例如实现施工场地的"三通一平";实施项目报验,填写《开工报告》。

一、编制施工组织计划

编制施工组织计划,又称为施工组织设计,简称施组设计。

（1）作用。施工组织计划是统筹工程项目建设活动全过程,推动企业技术进步和优化施工管理的核心文件之一。对这样的文件,在投标前就应编制草案,在开工前必须进行扩大和细化,在施工中要不断加以完善,在竣工后要认真进行总结和提炼。一份好的施工组织计划,可以说是企业进行项目管理的经验锦囊和技术财富。

（2）分类及内容。施工组织计划基本分为三类:施工组织总设计,单位工程施工组织设计,分部、分项工程施工组织设计。

二、开工手续和条件

1. 开工手续

施工单位必须在取得相应证照后,才能合法地开展工程项目施工活动。应取得的证照如下:土地使用证;建设用地规划许可证;建设工程规划许可证;建设资金证明;人防施工图设计审查通知书;施工图设计文件审查合格证;质量监督注册登记表;建筑节能备案登记表;散装水泥和节能墙体材料两项基金交费手续;固定资产投资许可证;招投标、施工和监理合同备案手续;建筑工程施工许可证。以上证照全部由建设单位领取或办理。

2. 开工条件

施工单位的开工条件具体如下:

（1）建设单位已办妥建设规划许可证、固定资产投资许可证、建筑工程施工许可证等十多个证照。

（2）有经过建设工程主管部门批准,并经甲乙双方和监理人员会审的施工图样和施工方案。

（3）有测量定位基准线和高程点。

（4）部分材料、机具和劳动力已组织进场,其中进场的材料已够三个月的施工用量。并进行了技术、安全、防火等项培训教育。

（5）工程项目征地拆迁基本完成,实现了施工场地的"三通一平"(即水通、电通、路通,场地平整),临时设施已搭建,外围配套条件已用签订协议的方式固定下来,主体工程已按期开工,而先期工程(又称控制性工程,指地位特别重要,施工工程量较大并且技术难度相对较高的工程项目部分。例如在铁路的修建中,长大桥梁和隧道的修建就是控制性工程)已经完工或工期过半。

（6）初步设计和总概算已批复,各项建设资金已落实到位,并经审计部门认可。

（7）施工项目经理部业已成立,其主要成员均已到位。

（8）施工监理单位经委托或招标业已选定。

三、填写开工报告

工程满足开工条件后,承包单位报项目监理机构复核和批复开工时间。整个项目一次开工,只填报一次,如工程项目中含有多个单位工程且开工时间不同,则每个单位工程都应填报一次。开工报审表格式如表11-1所示。

表 11 - 1 工程开工报审表

工程名称： 编号：

致_____（监理单位）	
我方承担的_____准备工作已完成：	
一、施工许可证已获政府主管部门批准；	☐
二、征地拆迁工作满足工程进度需要；	☐
三、施工组织设计已获总监理工程师批准；	☐
四、现场管理人员已到位、机具、施工人员已进场,主要工程材料已落实；	☐
五、进场道路及水、电、通信等已满足开工要求；	☐
六、质量管理、技术管理和质量保证的组织机构已建立；	☐
七、质量管理、技术管理制度已制定；	☐
八、专职管理人员和特种作业人员已取得资格证、上岗证。	☐
特此申请,请核查并批准开工。	
承包单位(章)：_____ 项目经理：_____日期：_____	

审查意见：
 	
                                监理机构(章)：_____
                                总监理工程师：_____日期：_____	

任务二 编制施工过程阶段资料并进行控制

 工作步骤

> 步骤一 编制施工过程阶段所形成的资料
>
> 步骤二 在施工过程阶段进行过程资料的控制

知识链接

开展施工活动所需要的有关记录,包括:工程测量记录、中间验收记录(例如主体隐蔽工程验收记录)、分部分项工程质量检验评定记录、各类相关事故分析鉴定材料。

一、工程测量记录

(1)定位依据。包括:已有平面控制点和高程控制点的点位略图、点位名称及数据,工程建设总平面布置图,基础平面图和定位通知单。

(2)定位过程方法。要求详细地说明定位施测工程、方法、仪器名称、编号和设置的点位、前后视的点位名称、各段距离数值、点位编号及轴线号等。特别注意根据规划管理部门签发的《建设用地打桩通知书》确定红线和引测桩位。

(3)确定有关建(构)筑物的高程和标高。水准点的高程和设计图上的标高必须使用同一高程系统,如黄海高程系统。

二、标高和轴线测量检测记录

标高和轴线测量检测是指根据给定建筑工程总图范围内的建筑物、构筑物及其他建筑物的位置、标高进行的测量与复测,以保证建筑物、构筑物的位置、标高正确。

三、中间验收记录

中间验收,又称隐蔽工程验收,是指在项目施工过程中,某道工序实施完毕后,有关工程部位或设施将被下道工序所掩盖,必须适时检查其是否符合法定或约定的质量标准。依照国家有关的施工规范要求,凡未经中间验收或验收不合格的隐蔽工程,不得进行下道工序的施工。中间验收记录主要包括:地基与基础工程质量验收记录;主体隐蔽工程检查验收记录;装饰装修隐蔽工程质量检查记录;屋面隐蔽工程质量检查记录。

四、分部、分项工程质量检验评定记录

在施工中,分项工程质检评定是在施工班组自检的基础上,由项目经理组织工长、班组长、班组质检员进行评定,再由专职质检员核定后报监理工程师签发认可书;而分部工程质检评定是由施工队一级质量负责人组织评定,经专职质检员核定后,对地基、基础和主体分部工程再由企业技术部门和质量部门派人到项目现场实地考核、评定等级,然后报监理工程师或总监理工程师签发认可书。

1.基础结构查验

(1)查验安排。除由施工队组织验收的结构外,对深基础或需要提前插入装修者,可分次进行验收。结构最后完工时,应进行总的验收签证。有地下室或人防设施的工程,基础和地下部分的验收应报请当地人防或有关部门参加或单独组织验收。

(2)查验内容。具体如下:

①基础和主体结构的验收。具体验收包括:钢筋及砼构件安装,预应力砼及砌砖、砌石、钢结构制作、焊接、螺栓连接、安装,钢结构油漆等项。

②水、暖、卫及电气安装等已施工部分的常规检查。

（3）资料核查。需要核查的资料包括原材料试验记录、施工试验记录、中间验收和预检报告、工程洽商记录、工程质检评定记录、水暖卫及电气安装技术资料等项。

（4）对查验不合格的处理。以下情况可予以认可：经设计单位重新核算认定满足结构安全和使用功能要求的；经加固补强合格的；返工重做达到约定标准的。此外的各种情形应使用限期继续修理、推倒重来、换单位操作等办法处理。

（5）表式。如钢筋焊接接头分项工程质量检验评定表，其余表式还有：砼分项工程质检评定表，砌砖分项工程质检评定表（适用于普通砖、空心砖、灰砂砖、粉煤灰砖等），砌石分项工程质检评定表，模板分项工程质检评定表，钢筋绑扎分项工程质检评定表，砼设备基础分项工程质检评定表。这里不再一一介绍。

2. 装饰装修工程质检评定表

（1）抹灰、油漆及饰面工程。有关质检评定记录包括：抹灰、勾缝、油漆、玻璃安装、裱糊，饰面砖、罩面板及钢、木骨架安装，细木制品和花饰安装等工程质量评定。适用一系列制式表格。

（2）地面与楼面工程。地面基层分项工程质检评定表，适用于各种地面与楼面面层以及路面下的基层；整体楼、地面分项工程质检评定表，适用于细石砼、砼、沥青砼、沥青砂浆、水磨石、碎拼大理石、菱苦土和钢屑水泥等整体楼、地面工程；板块楼地面分项工程质检评定表。

3. 屋面工程质检评定记录

屋面工程含找平层、保温（隔热）层、卷材屋面、油膏嵌缝涂料屋面、细石砼屋面、水落管等项工程。以上工程，各有制式表式用于质检评定。如水落管分项工程质检评定表，适用于对水落斗和水落管的制作、安装与施工检查（按安装数量的10%抽查，但水落管不得少于3根）。

五、质量事故分析处理资料

1. 施工现场观测记录

施工现场观测记录包括以下内容：

（1）施工现场照片；

（2）对倒塌的建筑物构件残骸进行描述、取样，绘制平面图，对非事故地段的同样设备位置进行对比了解；

（3）对现场地基或岩层进行补充勘察，了解基础持力层、下卧层、地下水情况；

（4）了解基础做法并进行取样分析；

（5）比照施工图，测量原建筑物实际尺寸、位置、构造；

（6）现场结构材料取样（砼、钢筋、钢材、焊缝及焊点试件、砌块、砂浆）；

（7）向现场管理、服务、生产人员和参加抢险的人员及幸存者提取访谈笔录；

（8）对物料配件的生产厂或供应商进行调查，并实施取样检测；

（9）相机采取其他搜集证据的措施。

2. 收集、查阅与事故有关的全部设计和施工资料

具体包括：

（1）各种报建文件、招投标文件和委托监理文件；

（2）建设方委托设计任务书及变更设计文件；

（3）勘察报告、设计图样和说明书、结构计算书以及作为勘察设计依据的本地区专门规定；

（4）施工记录、质量文件、中间验收资料及设计变更文件；

（5）材料合格证明文件及复试文件，砼块及其他物料有关记录及试验报告、试桩或检测报告；

（6）经监理工程师签认的质量合格证；

（7）竣工验收报告等文件资料。

3.分析可能引发事故的所有因素

具体包括：

（1）设计方案、结构计算、建造工法等；

（2）材料、设备、成品或半成品构配件的质量；

（3）施工技术方案、施工中各工种施工质量；

（4）环境条件，特别是地质条件和气候条件的作用；

（5）建设方或监理方乃至政府方面对施工活动的不合理干预；

（6）施工环境的其他负向变化。

从以上因素中遴选出导致原发破坏的因素，以及引起连锁反应的后发破坏因素。

4.对事故的发生发展进行综合论述，并提出处理意见

通过现场取样和实测，甚至进行模拟性破坏试验，并通过理论分析，作出对事故相关人员及其责任的认定，最后依据有关法律法规提出追究有关责任人经济、行政及法律责任的处理意见。

（1）对事故责任人的处理，应本着"四不放过"原则。即：事故原因查不清不放过；事故责任人未受到严肃处理不放过；事故责任人和有关群众未受到教育不放过；未制定相应的严密防范措施不放过。

（2）对事故造成的结构性毁损灭失，原则上采取维修、加固、改扩建三种方式。维修，一般指小型修补、恢复和完善毁损构造的功能；加固，即对结构或构造的承载力、刚度及与抗震有关的延性、抗裂性、整体稳定性等性能，经过维修保养得以恢复或提升；改扩建，是对原有设备构造进行较大规模的结构变更和性能优化，使其整体能力得以较大提升。

任务三　编制竣工验收阶段资料并进行控制

 工作步骤

> 步骤一　编制竣工验收阶段所形成的资料
> 步骤二　在竣工验收阶段进行竣工资料的控制

 知识链接

工程竣工验收是施工的最后阶段，也是对建筑企业生产、经营和技术活动的一次综合性的检查评价。工程竣工验收达到合格以上的评价，才可以使工程建设项目转为固定资产，实现社会效益和经济效益。

竣工验交阶段的资料管理包括：对竣工验收的基本要求；竣工阶段的自检、互检和正式验收的记录、报告；竣工图的绘制和移交。

一、对竣工验收的要求

(1)组织竣工验收要及时。竣工验收不及时，除了增加承建单位正常管护建设成品的负担外，还可能因某些外部原因的变化导致建设成品实体的缺损，使承建单位增加修复工程量，至少进一步拖延了竣工验收时间。

(2)不论建设工程项目是一个单位工程、单项工程(有独立设计文件，可单独施工和核算，建成后可独立发挥作用的工程)或是一个其他群体工程，都必须按单项工程组织竣工验收。

二、竣工验收程序

1.由施工单位先行自检，制作自检记录

(1)自检依据：工程项目的完成是否符合施工图和设计要求；工程质量是否符合国家和地方两级标准；工程项目是否符合合同要求。

(2)自检参加人员：项目经理组织生产、技术、质量、合同、预算负责人和施工队长等共同参加。

(3)自检方式：分层、分段、分房间逐一检查，不合规定的部位，确定修补措施，指定专人限期完成。

(4)项目经理部自检、修复完毕，提请企业复验，以解决全部遗留问题。

2.住宅分户验收记录

(1)施工单位编制分户验收方案，配备足用的检测工具，制作工程标牌，会同建设、监理单位人员检测评定，检测完毕要留下签章手续。

(2)户检，即由建设、监理和施工单位人员组成验收组，一户一检，定期开会整改，不整改合格，不得提交正式验收。

3.正式验收

①正式竣工验收前10天，由施工单位向建设单位和监理单位发送《竣工验收通知书》。

②组织验收。建设单位接到竣工验收通知后，邀请政府有关机构如质监站、环保局等，并会同设计单位、监理单位、施工单位一起验收。列为国家重点工程的大型建设项目，往往由国家有关部委组成验收委员会实施验收。

③签发《单位(子单位)工程质量竣工验收记录》(以下简称《记录》)。经验收，全部工程各项的级评都在合格以上，则建设、设计、监理各单位应当即行签发有关验收《记录》。

④办理工程档案移交。

⑤办理工程移交手续，即移交工程项目和固定资产，除质量保修责任外，即行解除建设单位与施工单位之间的经济法律关系。

⑥办理工程决算。由建设单位编制决算书，报有关建设银行核准后停止有关工程项目的账户运作。

三、竣工验收条件

竣工验收应具备以下条件：

(1)完成建设工程设计和合同约定的各项内容；

(2)有完整的技术档案和施工管理资料；

(3)有工程使用的主要建筑材料、建筑构配件和设备的进场试验报告；

(4)有勘察、设计、施工、监理等单位分别签署的质量合格文件；

(5)有建设、施工单位签署的工程质量保修书和住宅工程使用说明书。

四、竣工验收报告

1.填写事项

(1)由建设单位填写。

(2)一式四份,用钢笔填写,字迹要清晰工整。技术、施工、城建档案管理部门和建设行政主管部门各存一份。

③内容真实可靠,发现虚假,不予备案。

④报告须经建设、设计、施工、监理四方法定代表人签字并加盖公章后方有效。

⑤报告报送质监站(工程质量监督检查工作站)。

2.主要内容

(1)工程概论。

(2)建设单位执行基本建设程序(立项、评估、招标、签约、开工、施工、竣工验收等)的基本情况。

(3)对勘察设计、施工监理和施工等项工作的客观评价。

(4)工程竣工验收时间、程序、内容和组织形式。

(5)验收结论。

3.附件

(1)施工单位工程竣工报告、监理单位质量评估报告、勘察设计单位质量检查报告。

(2)工程勘察成果及施工设计文件审查批准书。

(3)勘察设计文件和变更设计通知、质量检测报告。

(4)城乡规划部门对工程设计的认可文件。

(5)建设行政主管部门及其委托的质量监察部门责令整改的结果。

(6)规划、公安、消防、环保等部门出具的认可文件及在用文件。

(7)施工单位与建设单位签订的质量保修书。

五、竣工图

(1)作用。竣工图是真实记录各种地上地下建筑物和构筑物及设备安装等项实际情况的技术文件,是对工程项目进行交工验收、维护、改建、扩建的主要依据,是国家重要的技术档案。

(2)范围。各项新建、改建、扩建、迁建的建设工程,特别是基础工程、地下建筑、管道线路安装、主体结构、设备安装等项工程的隐蔽部位,应编制竣工图。

(3)编制形式。

①工程项目施工中未发生设计变更的,可在原施工图纸图签附近空白处签字并加盖竣工图章即可作竣工图使用。

②施工中无较大的结构性或重要管线等方面的设计变更,可就原施工图纸进行修改补充,

清楚注明修改后的实况,并附以设计变更通知书、设计变更记录及施工说明,签章后即可作为竣工图使用。

③建设工程项目的结构形式、标高、工艺、平面布置等重大变更超过 40%的,应重新绘制图纸,编新的图名图号,真实反映变更后的情况。

④如改建、扩建工程,使原有工程发生部分变更者,应整理原有竣工图资料,进行增补变更,并给出必要的说明。

4. **绘制要求**

①必须与竣工的工程项目实际情况完全符合。

②必须保证绘制质量,做到规格统一,符合技术档案要求。

③竣工图须经施工单位负责人审核签字。

④必须使用永不褪色墨水绘制,字迹清晰。

⑤竣工图应在其标题左方加盖竣工图签,装订成册,附必要的说明和文件。

5. **竣工图移交**

(1)工程项目竣工图连同工程技术档案应于竣工验收合格后一月内交公司档案部门存放,工程项目竣工图还应呈报工程质监站给予认证。

(2)有关竣工图不准确、不完整的,不能竣工验收。

(3)工程项目竣工图的数量要求:小型工程,竣工图需要两套;国家大中型项目、城市住宅小区、城市水电气供应、交通、通讯等工程竣工图至少两套;特别重要的工程项目,应增加一套交国家档案馆。

六、工程资料的组卷

1. **组卷**

组卷又称立卷,指各有关主体将所搜集到的工程资料组合成案卷材料的过程。

(1)对组卷的内容要求是:立项准备卷可按工程建设的程序、专业和完成建设任务的单位等项组卷;监理卷可按单位工程、分部工程、专业或施工进展阶段等项组卷;施工卷组卷时对工程资料的选项方式与监理卷大体相同;施工图卷可按单位工程、施工专业等项组卷;竣工验交卷与施工图卷对工程资料选项方式大体相同。

(2)对组卷的形式要求是:需保持卷内文件和其他资料的有机联系;案卷不宜过厚,一般以40 毫米为案卷厚度上限;不同载体的资料一般应分别组卷,同一案卷中不应有重份资料。

2. **建设单位在组卷归档及工程档案验交中的职责**

(1)在委托招标或亲自主持招标活动中,以及在与勘察、设计、施工、监理、物流等单位签约时,应对竣工后移送档案的套数、时间、质量状况、费用承担予以明确告诉。

(2)负责收集整理在立项阶段、施工准备阶段和竣工验交阶段形成的文件和其他资料,并实施组卷。

(3)组织和监督检查勘察、设计、施工、监理等单位的文件及其他资料的形成、收集、组卷。

(4)收集并妥善保管有关各单位向本方交付的各阶段的资料及档案。

(5)竣工验交前,提请档案部门对各有关单位的组卷情况实行预验收。未取得预验收合格证的单位,不得组织竣工验收。

(6)列入向国家或地方档案馆移送建设档案的,建设单位应在竣工验交活动后三个月内向有关档案馆交存项目工程档案。

3.勘察、设计、施工、监理等单位在组卷归档中的职责

(1)收集整理本单位在项目进展各阶段所能得到的工程资料,确保所收集的过程资料真实、有效、可靠、完整。

(2)对所收集到的工程资料实施正确的组卷和保存。

(3)各单位最迟在竣工结算前向建设单位移送有关的档案。

4.工程项目所涉资料对建设单位的文档分类

(1)立项资料:含投资意向书(有则收集)、项目建议书、选址报告(审批部门索要时才提供)、可行性研究报告、项目评估报告、批准立项文件。

(2)施工准备文件:含规划用地文件和其他应由建设单位办理和领取的施工证照。

(3)勘设文件:含勘察报告、初步设计、初步概预算、施工图设计和预算、审图会议纪要及设计交底记录。

(4)招投标文件:含投标须知、招标文件、开标会议记录、投标书、评标报告等。

(5)合同资料及有关商务文件:含勘察合同、设计合同、施工合同、委托监理合同、物料设备买卖合同、工程质量保修书、其他合同及各类合同修订协议、图纸供应协议、工程款预支及扣还办法、工程结算办法等。

(6)开工文件:含开工准备报告、施工场地"三通一平"记录、人员及物料设备进场记录、场地临建设施及使用状况记录、开工报告、开工典礼会议纪要。

(7)竣工验交备案文件:含中间验收资料、施工方项目部对项目工程自检和企业复检情况记录、三方(建设方、施工方、监理方)户检记录、正式验收记录、竣工验收报告、建筑标的物交接记录。

(8)其他有关文件资料。

5.案卷内文字排列

(1)文字材料按事项和专业排列。对同一事项的请示和批复、同一文件的印本与定稿、主件与附件不能分开,并按批复在前请示在后、印本在前定稿在后、主件在前附件在后的顺序排列。

(2)图样按专业排列,同专业的图样按图号顺序排列。

(3)既有文字材料、又有图样的案卷,文字材料排前、图样排后。

6.案卷的编目排序

工程项目档案组卷后应进行目录编排,使案卷内文件资料的位置、顺序、页号的编排符合下列规定:

(1)保留每份文件资料的原有页码,但组卷后每个案卷应从"1"开始重新统一编号。

(2)页号位置:单面书写的在右下角;双面书写的,正面在右下角,反面在左下角;折叠后的图样一律在右下角。

(3)成套图样或印刷成册的科技文件资料自成一卷的,原目录可用作案卷目录,不必另行编号。

(4)案卷封面、卷内目录、卷内备考表不必编页号。

七、对工程资料的归档要求

1. 对有关档案管理人员的验收要求

(1)检查工程项目的案卷是否整齐、完整、系统；

(2)检查案卷中的文件资料是否真实地反映了工程项目建设活动的实际进展状况；

(3)检查案卷中工程资料的组卷是否符合有关组卷的规定要求；

(4)检查竣工图绘制方法、图示与规格是否符合专业技术要求，图面是否整齐，是否加盖了竣工图章；

(5)检查工程资料的形成及其他来源是否符合实际，有关单位及人员是否签章到位，其他手续完备否；

(6)检查工程资料的载体材质、书写及绘图用墨、托裱是否符合要求。

2. 对施工现场有关工程资料进行整理的要求

(1)监理单位中标签约后，应当迅速组成项目监理机构，并由所派遣的总监理工程师主持，以监理大纲为基础，广泛收集有关资料和信息，按工程实际编制监理规划和监理实施细则。这两份文件经监理单位技术负责人批准，用以指导和规范项目监理结构开展具体工作。连同其他现场决断、指令、旁站记录、月报、报表等项资料在竣工后应当及时组卷归档。

(2)施工方在中标签约后应当对投标时编制的施工组织设计进行细化和完善，形成适于操作的施工方案。围绕完善这一中心文档，还应当做好如下几项施工资料整理工作：

①按《建筑工程施工质量验收统一标准》，由施工方技术负责人填写《现场质量管理检查记录》，附有关文件或复印件。

②施工项目部应在总监理工程师检查施工现场后，及时呈请审查施工方案等文件。审查合格的，经总监签批退还，由施工方据以开展开工运作；审查不合格的，由总监指令施工方限期补正，未予补正或补正不合格的不得开工。

③应对进场使用的机具设备出具具有可追溯性的质量证明，并经报关员或现场技术员、材料员背书签字，再交资料员纳入质量管理流程。

④现场所产生的工程资料内容应与所施工的具体工程部位一一对应，这些资料都应当具备可追溯性。

3. 对物料进场检验应当资料齐全的要求

(1)对主材料、半成品及成品构配件、器具、设备等物料进场必须实行进场检验并制作检验记录。必要时可实施见证取样送检或共同取样送检并收存检验报告单。

(2)对甲供或部分重要的非甲供物料设备进场应当组织施工方、供应方、监理人员及建设方代表共同检验有关的品种、规格、数量、外观质量及出厂合格证，填写《进场检验记录》、《设备开箱检验记录》等制式表格。

(3)属施工方自有设备、自制构配件或部分非甲供一般物料设备进场，经施工方自检合格后填写《物资进场报验表》报项目监理机构审批，作为组卷资料。涉及安全性或功能性的物料设备进场，应按有关规范的规定进行复试并制作实验报告，或有见证地取样送检并收存检验报告单。

(4)建筑节能及其他新型物资(包括砌块、板材、密胶、粘接苯板专用胶、耐碱玻璃纤维网格布、聚苯乙烯泡沫塑料及胶粉、EPS 颗粒浆料、热铝材料等)进场须有出厂质量证明文件或按规定进行见证取样送检并收存检验报告单。

4. 对工程资料归档的其他要求

(1)依据规划部门提供的红线或控制点坐标,按总平面图设计要求,设定建筑物或构筑物的位置、主控轴线、建筑物±0.000高程,建立施工场地控制网。由施工方填制《定位测量记录》和《施工测量放线报验表》,经监理工程师审核签字后,由建设方报规划部门验线。在这一过程中的所有资料均应组卷归档。

(2)建设、施工、监理等单位应将施工现场安全资料的形成和积累纳入建筑管理各个环节,逐级建立健全安全岗位资料收集责任制,对现场安全资料的真实性、完整性和有效性负责。

(3)建设方向施工方提供的各种安全资料可以概括为:"三安四口五邻边"。其中"三安"是指有关安全帽、安全网、安全带的资料;"四口"是指有关楼梯口、电梯口、预留洞口和通道口的资料;"五邻边"是指有关沟坑槽和深基础周边、楼层周边、楼梯侧边、平台或阳台边、屋面周边的资料。

(4)对改扩建和维修工程,建设方应组织设计单位和施工单位据实修改、补充和完善原工程档案;该移送的应在有关工程竣工后三个月内移送,不移送的要按档案管理要求妥为保管。

(5)对于事故的调查处理资料,属于重大级以上的工程质量事故、安全事故和机械事故,应将所能收集到的资料依现状单独组卷归档;对于其他事故调查处理资料,可以随同发生事故的工程环节一并组卷归档。此外,在有关各类事故的资料中,一定不能缺少落实"四不放过"原则的资料。

项目习题

1. 工程项目开工应具备哪些条件? 如何进行地基验槽?

2. 工程竣工图应如何编制?

3. 工程资料如何组卷?

参考文献

[1] 建设部. 建设工程项目管理规范（GB/T50326—2006）[S]. 北京：中国建筑工业出版社，2006.

[2]《建设工程项目管理规范》编写委员会. 建设工程项目管理规范实施手册[M]. 2版. 北京：中国建筑工业出版社，2006.

[3] 张桦，朱盛波. 建设工程项目管理与案例解析[M]. 上海：同济大学出版社，2008.

[4] 周建国. 工程项目管理基础[M]. 北京：人民交通出版社，2007.

[5] 任宏，兰定筠. 建设工程施工安全管理[M]. 北京：中国建筑工业出版社，2005.

[6] 筑龙网. 建筑施工安全技术与管理[M]. 北京：中国电力出版社，2005.

[7] 李世蓉，等. 承包商工程项目管理[M]. 北京：中国建筑工业出版社，2009.

[8] 徐家铮. 建筑工程施工项目管理[M]. 武汉：武汉理工大学出版社，2005.

[9] 张宝岭，高晓升. 建设工程投标实务与投标报价技巧[M]. 北京：机械工业出版社，2007.

[10] 李宝玉. 国际工程项目管理[M]. 北京：中国建筑工业出版社，2006.

图书在版编目(CIP)数据

建筑工程项目管理/张现林主编. —西安:西安
交通大学出版社,2012.8(2021.8重印)
ISBN 978 - 7 - 5605 - 4429 - 8

Ⅰ.①建… Ⅱ.①张… Ⅲ.①建筑工程-项目管理
Ⅳ.①TU71

中国版本图书馆 CIP 数据核字(2012)第 142924 号

书　　名	建筑工程项目管理	
主　　编	张现林	
责任编辑	祝翠华	

出版发行　西安交通大学出版社
　　　　　(西安市兴庆南路 1 号　邮政编码 710048)
网　　址　http://www.xjtupress.com
电　　话　(029)82668357　82667874(发行中心)
　　　　　(029)82668315(总编办)
传　　真　(029)82668280
印　　刷　西安日报社印务中心

开　　本　787mm×1092mm　1/16　印张 12.375　字数 298 千字
版次印次　2012 年 8 月第 1 版　　2021 年 8 月第 5 次印刷
书　　号　ISBN 978 - 7 - 5605 - 4429 - 8
定　　价　24.80 元

读者购书、书店添货,如发现印装质量问题,请与本社发行中心联系、调换。
订购热线:(029)82665248　(029)82665249
投稿热线:(029)82668133
读者信箱:xj_rwjg@126.com